拼尽全力，终将遇见更好的自己

做个有出息的青少年

熊仲权 ◎ 编著

中国纺织出版社有限公司

内 容 提 要

在追求梦想的道路上，我们总会面临各种艰难坎坷，也会受到各种挫折打击。但是我们必须让努力配得上梦想，让人生经得起折腾，才能拥有美好的明天。

本书以现代社会年轻人的生活和各种境遇为背景，给予年轻人切实有效的人生指导，并且告诉年轻人，任何时候都不要放弃人生的梦想，要坚持努力、坚持进取，这样才能距离目的地越来越近。

图书在版编目（CIP）数据

拼尽全力，终将遇见更好的自己 / 熊仲权编著. —北京：中国纺织出版社有限公司，2021.2
（做个有出息青少年）
ISBN 978-7-5180-7646-8

Ⅰ. ①拼… Ⅱ. ①熊… Ⅲ. ①成功心理—青少年读物 Ⅳ. ①B848.4-49

中国版本图书馆CIP数据核字（2020）第127207号

责任编辑：张　羽　　责任校对：江思飞　　责任印制：储志伟

中国纺织出版社有限公司出版发行
地址：北京市朝阳区百子湾东里A407号楼　邮政编码：100124
销售电话：010-67004422　传真：010-87155801
http：//www.c-textilep.com
中国纺织出版社天猫旗舰店
官方微博http：//weibo.com/2119887771
三河市延风印装有限公司印刷　各地新华书店经销
2021年2月第1版第1次印刷
开本：880×1230　1/32　印张：6.5
字数：121千字　定价：25.00元

前言

从古至今，人类始终无法舍弃对于梦想的追求，也始终无法在追逐梦想的道路上停下脚步，为此很多人都对梦想津津乐道，时常拿出来与人诉说，也时常对自己诉说梦想，督促和激励自己朝着梦想不断地迈进。尤其是在年少的时候，少不更事的我们更是被父母灌输各种梦想，也被老师无数次提起梦想，以此作为人生的激励。然而，梦想归根结底不是别人强加给我们的，而是要像一朵花一样绽放自我们的心底，把芳香弥漫我们的内心。唯有如此，我们才会坚持在通往梦想的道路上前行，也才会拼尽全力实现梦想。

当然，付出与回报是人人都关心的问题。很多人总是担心，为了追求梦想而付出很多之后，我们能实现梦想吗？我们能获得梦寐以求的回报吗？在这里我们要说的是，付出与回报并不会呈现出绝对正比例的关系，有的时候我们付出很多，也许会得到回报，也许一时不会得到回报，但是如果我们不努力不付出不拼搏，我们注定不会得到任何回报，并且会距离梦想越来越远。为此，我们不要总是在人生道路上患得患失，而是要有的放矢经营好人生，也要在树立梦想的道路上确定正确的人生方向，进行合理的人生规划。

梦想就像一朵带刺的玫瑰，闻起来充满芳香，看起来摇曳生姿，但是当我们伸出手真正想要摘下这朵花的时候，却发现这朵花带刺，很容易刺伤我们，想要摘到并不容易。梦想也像一颗璀璨炫目的宝石，散发出夺目的光芒，让我们无法直视。不管梦想是什么，它都会陪伴我们的一生，也会给予我们的人生源源不断的力量。一个人要想摆脱平庸，就要努力进取，哪怕遭遇再多的艰难坎坷都不要放弃，而是要坚持笑到最后，坚持笑到最好。

只是确立梦想就够了吗？当然不够。在确立梦想之后，我们还要根据梦想来确定人生的方向，从而选择奋斗的路线和努力的方向。在这样的基础上，我们才能激发自身的潜能，全力以赴做到更好。当然，努力从来不是一件简单容易的事情，因为努力与安逸恰如水火，需要战胜我们本能的惰性，也需要战胜我们的拖延等恶习。

不可否认的是，人生是有很多选择的，而且不同的选择也组成了人生。要想有更好的人生，我们就要做好选择，这样才能在成长的过程中不断地崛起，也才能收获更多，得到更多。一个人不管是聪明还是愚钝，不管是懒惰还是勤奋，都终究要过完这一生。既然如此，为何不让自己更勤奋、更聪明呢？也许会有喜出望外的收获。

你的努力要配得上你的梦想，如果梦想过于远大，但是实力却相差悬殊，那么就会因为长久都无法实现梦想而感到颓废沮丧。梦想是人生的指针、是人生的明灯，在梦想的照耀下，我们才能有的放矢奔向人生的前方，距离梦想越来越近，距离成功越来越近！

现实生活中，总有些人说努力无用，而认为所有成功者之所以能够获得成功，都是因为有背景，有外力相助。我们也看到有些人似乎一夜成名，轻易地获得成功，实则别人已经在真正成功之前付出了长久的努力，而且坚持了很久。所以不是努力没有收获，而是努力的程度还不够，是努力还没有坚持到一定的时候。只有坚持不懈地走下去，只有让努力配得上梦想，我们的人生才会更加璀璨，我们的未来才会值得期待！

编著者

2020年6月

目录

第 01 章

梦想很高很大，现有的努力足够吗

梦想，大概是人类发展迄今为止，人人都不能舍弃的一个人生关键词，这是因为每个人对于人生都有幻想和憧憬，也都有着无限的渴望。然而，梦想尽管很远大，在幻想之中也非常瑰丽，但是要想实现梦想却并非一件简单容易的事情，我们必须付出足够的努力和长久的坚持，才能距离梦想越来越近，也才能在人生的道路上更加坚持不懈，勇往直前。

努力实现被嘲笑的梦想

众所皆知，实现梦想是很困难的，为此很多人对于梦想都怀着畏缩和恐惧的态度，也常常在还没有树立梦想的时候，就会远离梦想，甚至根本不愿意确立梦想。马云说过，梦想总是要有的，万一实现了呢！的确如此，如果在没有梦想的情况下，就因为畏惧而远离梦想、放弃梦想，那么也就彻底失去了实现梦想的任何可能。梦想不但要有，还要远大，而不要总是因为梦想被嘲笑，就觉得内心迷惘，也不敢继续朝着梦想的道路奋进。

常言道，海阔凭鱼跃，天高任鸟飞。很多人在面对梦想的过程中，常常会因为与梦想渐行渐远或者觉得实现梦想是一件很遥远的事情，就放弃了梦想；也有很多人常常也抱怨缺乏平台或者人生舞台，所以才没有机会展示自己的才华和能力。其实不然，被嘲笑的梦想才是真的梦想，换言之，对于拥有梦想的人来说，即使被嘲笑，也应该坚持实现梦想。因为许多人的梦想都会被嘲笑，这意味着梦想是远大的，也是需要去努力实现的。

在所有的鸟类中，苍鹰是飞得最高的，雏鸡在地上看着天上展翅翱翔的苍鹰，非常羡慕，也充满了嫉妒和恨。都有翅膀，为何苍鹰就能飞得那么高，而雏鸡却顶多飞上矮的枝头呢？而且大多数鸡连枝头也飞不上去。是因为相比起身体而言，雏鸡的翅膀太小了，而苍鹰的翅膀则很大。对于每个人而言，梦想如翅膀，越是远大的梦想越能将你带到更高的地方，因此，不要害怕别人嘲笑你的梦想很大，而是要扑扇起翅膀，努力进取，才能在成功的路上奔向更加遥远的未来，也才能距离梦想越来越近。很多不敢有梦想的人，从一开始就斩断了自己梦想的翅膀，还何谈飞翔呢？渐渐地，他们会越来越胆怯，人生也会变得非常无奈，迷失自我。

茶商孟乔波是一个富有传奇色彩的女性，从1987年开始卖茶水，她在十几年的时间里把茶庄开遍了全国，甚至开到了国外，让原本习惯于喝咖啡的地方也弥漫着茶叶的清香。最初开始卖茶水，孟乔波只有14岁，她的茶摊很小，但是她的茶杯很大，而且还可以免费续杯，每杯只卖一毛钱。为此，她的生意很红火，她每天都在忙着泡茶、卖茶水，生活过得充实且快乐。后来，她赚到了一些钱，就去益阳城里开了一个茶摊，开始卖传统的擂茶。擂茶的制作工艺很烦琐，但是价格更高，她很用心，还研制出各种不同口味的擂茶，生意越来越红火。再后来，她有了自己的茶店，她总是邀请客人去她的店里免费品茶，她知道，客人学会品茶之后，一定会购买她的茶叶。就这样，她的茶叶一包一包地卖出去，她的免费茶馆也为很多人所熟知。

后来，她以同样的模式开店，在全国各地都有了自己的茶庄，而且还把茶庄开到了新加坡等国家。她说自己永远都是卖茶的，也许有人觉得她的梦想很卑微，但是她却在这条普通而又平凡的道路上走出了自己与众不同的人生。

每个人都是这个世界上特立独行的生命个体，每个人都有属于自己的人生和梦想。人人都要坚持梦想，才能活出自己特例独行的样子。当然，作为局外人，我们没有权利对别人的人生指手画脚，作为一个当事人，我们也不应该让别人对我们的人生品头论足。尤其是关于梦想的事情，我们更要不忘初心，坚持始终，才能最大限度绽放生命之花。

记住，不管别人对于你的梦想采取怎样的态度，哪怕是恶狠狠地嘲笑你的梦想，你依然要在生命的历程中不断地崛起，持续地进步，朝着梦想努力前行。有梦想，人生才有翅膀；有梦想，人生才能展翅翱翔！

不管境遇如何，都要努力实现梦想

有人说，命运总是公平的。实际上，命运从来不公平。对于每个人而言，从出生开始就在不同的家庭里踏上人生之路。有的家庭家境殷实，非常富裕；有的家庭有权有势，位高权重；有的家庭很普通，过着安稳的小日子；也有的家庭非常贫穷，甚至食不果腹，生存艰难……每个小生命投生于不同的家庭里，往往意味着他们的人生会有不同的境遇，他们的未来会有不同的发展和成长。有些穷人家的孩子哪怕辛苦努力一辈子，也未必能够达到有钱人家的孩子一出生就拥有的高度，在这样的情况下，是懊丧和后悔，还是努力振奋精神，竭尽所能距离梦想越来越近呢？不同的选择，最终让每个人的人生也变得截然不同。

常言道，人争一口气，实际上人活着就是活个精气神，如果精神崩溃，就会导致人生也变得疲软和崩溃。不管是在古代社会还是在现代社会，活出一口气，活出属于自己的精彩人生，这才是最重要的。而梦想，恰恰就是支撑人们走过人生中艰难坎坷阶段的精神力量。在现实生活中，每个人都会有不同的人生，每个人也会有截然不同的梦想，不要因为自己的家境、身世等外部原因就否定和质疑自己，而是要始终激发自己的信心和勇气，让自己坚定不移勇往直前地努力向前。也不要害怕梦想被别人嘲笑，因为你的梦想只属于你，只要你坚持努力，不懈争取，你终有一日能够实现梦想，也能够在人生的道路上不断地努力向前，无所畏惧，勇往直前。

当然，在实现梦想的过程中总是需要付出很多的，并不可能很顺利。为此要想真正地达到梦想的目的地，我们就一定要足够坚强和坚持，也要拥有百折不挠的精神，唯有如此，我们才能战胜人生的坎坷与逆境，才能在人生的道路上始终坚持向前，绝不畏缩和退却。正如海明威笔下的桑迪亚哥老人，他可以被打倒，就是不会被打败。这就意味着现实的残酷也许会让他暂时感到疲惫，但是他支撑梦想的脊梁始终傲然不屈，为此他才能够在实现梦想的过程中不断地努力进取，持续地进步，从而有的放矢地战胜自己，拥有圆满人生。在挫折和磨难中，臣服的人会被一次又一次地打垮，而成功的人在每一次超越困境之后，都会变得更加坚强和无所畏惧。人生不如意十之八九，每个人在生命的历程中都会遭遇各种坎坷磨难和挫折，只有真正强大的人才能让自己始终屹立不倒，也才能让自己在人生的道路上不断地努力前进，无所畏惧。

从本质上而言，树立梦想是很简单的事情，因为梦想不需要成本，但是要想实现梦想，却有着漫长的道路需要走，需要我们披荆斩棘，需要我们在无路可走的时候去开辟道路。为此，我们不要认为实现梦想很容易，一旦确立梦想，接下来我们要做的就是不断地追逐梦想，拼尽全力去实现梦想。

古今中外，许多成功的人之所以能够梦想成真，能够突破和超越自己，作出卓越的贡献，就是因为他们始终都能够坚持树立梦想，也总是能够在追求梦想的道路上不断地突破和超越自我、成就自我。所谓不忘初心，方得始终，就是这个道理。与此恰恰相反，那些总是在追求梦想的过程中因为小小的挫折和失败就马上放弃的人，他们一生之中都在与失败纠缠，在追求梦想的道路上也总会遇到各种各样的打击，这是因为命运总是青睐真正的强者，而总是以更多的考验磨炼失败者的心志。

你想成为成功者，还是失败者呢？真正的成功从来不是一蹴而就的，在追求梦想的道路上，我们必须做足准备，才能一往无前，勇敢无畏。

在电影《光荣之路》中，篮球教练哈金斯去了一支表现非常糟糕的球队里执教，他并不因此而感到气馁，也从来不因为球员们的肤色不同就对他们有不一样的对待，相反，他的目标非常明确，那就是胜利。在哈金斯的感染下，球员们的士气越来越高涨，最终黑白球员协同作战获得了胜利，从此之后，美国大学篮球的历史上才有了黑人的加入。这是根据真实事件改编的电影，告诉我们梦想的伟大力量能够创造奇迹！

人生是一场未知的旅程，没有人知道人生将会在何时开始，也没有人知道人生将会在何时戛然结束。任何时候，我们都要积极地面对人生，也要全力以赴经营好人生。在实现梦想的道路上，每个人注定要流汗流泪，要知道人生中任何的境遇都是暂时的，未来取决于我们自己，所以不要总是一味地陷入对于人生的负面境遇之中。当人生升腾起一轮艳阳，梦想之花就会绽放。

记住，你只为自己而活

现实生活中，很多人都习惯为别人着想，例如，年轻的父母为了孩子而竭力购买学区房，年迈的父母为了孩子而不得不承担起带养孙辈的重任，这是亲情使然，也是人与人之间的亲密关系决定的。其实不仅在亲情之中，在日常生活中，每个人都扮演着各种各样的角色，为此都要肩负起自己特殊的使命和责任，这些使命和责任应要求我们为他人着想，但是，不要过多地因为为他人着想就委屈自己。当然，我们可以为他人着想，毕竟人是群居动物，每个人都生活在人群之中，不但在亲密的关系中需要考虑和满足他人的需要，而且在普通的人际关系中也时常需要为他人着想。但是凡事皆有度，过度犹不及，任何时候，我们都要学会为自己而活，这样才能活出自己的真实模样，活出自己的精彩，这才是最大的成功，也才是最伟大的、了不起的人生。

在这个世界上，并没有绝对的黑与白、对与错，很多人在生命的历程中常常会陷入各种困窘的状态，也会常常因为人生中面临很多的难关和困境，而不知所措，置身于两难的处境之中。为此也有人说，人生就是一次次选择，就是不断地在各种选项之中作出最理性的抉择。从本质上而言，选择也没有绝对的对错，就像人生不管采取怎样的方式度过，最终的结果都将会到达终点。当然，选择不同，人生的经过和历程就会不同。不管怎样的人生，我们都要有梦想，也要有自己的人生计划和目标。我们可以为别人着想，却一定要为自己而活，只有活出独属于自己的精彩，只有不断地努力上进，我们才会在生命的历程中不断地努力崛起，无所畏惧地勇往直前。

在现代社会生存的压力非常大，很多年轻人都不知道如何做，才能让自己的未来变得更加绚烂多彩。如今大多数父母都陷入教育焦虑状态，面对刚出生的孩子，他们就已经开始为孩子设想和安排，最终孩子非但没有按照他们的预期去成长，反而与他们之间有了更多的隔阂。更有父母会把孩子的未来与父母未曾实现的理想联系起来，觉得孩子的神圣使命就是完成父母的梦想，实现父母的理想，活成父母想要的样子。殊不知，孩子尽管因着父母来到这个世界上，但是他们从来不是父母的附属品，更不是父母的私有物，他们有自己独特的个性，也有自己与众不同的人生，父母要做的是扶着孩子上马，让孩子努力向前走过一程又一程，而不要随随便便让孩子迷失在生命的历程中，更不要让孩子被父母架空生命的旅途。

要想做到这一点，我们就一定要坚持自己的梦想，不因为任何人而改变自己的梦想。有一点可以肯定的是，无论一个人怎么改变自己去逢迎别人，都不可能得到别人的绝对满意和忠诚，为此，他们需要做的就是全力以赴奔向人生，在成长的道路上不断地崛起，持续地进步，这样才能让自己变得越来越成熟，也才能让自己的人生到达理想的彼岸。如果总是盲目按照别人的安排去成长和发展，哪怕付出了很多的时间和精力，结果却未必能够尽如人意。

现实生活中，我们常常听到有些人悔不当初，抱怨自己在当年的某一个时刻里，从未真正做自己，为此导致一招走错满盘皆输，整个人生都因此而变得面目全非。与其抱怨，不如在不可逆转的生命河流中，当机立断转弯，回到自己原本的人生轨迹上，唯有如此，才能及时改正错误，也才能让未来的人生无怨无悔，不惧不怕。既然人生只有一次机会，我们就不能继续犹豫和彷徨。人生的时间是非常宝贵的，禁不起蹉跎，也禁不起迷惘，只有不断地努力向上向前，才能突破眼下的困境，才能让自己变得与众不同。

有人曾经说过，要把人生中的每一天都当成生命中的最后一天度过。的确如此。很多人都害怕人生有遗憾，实际上，真正的遗憾并非因为外部的因素导致的，而是因为我们的内心导致的。只有当机立断说自己想说的话，做自己想做的事情，爱自己想爱的人，这样的人生才能真正精彩，无所畏惧，勇往直前！

不试试，你怎么知道呢

心理学家经过研究发现，大多数人的先天条件相差无几，既然如此，为何在后天发展的过程中，有的人总是能够获得成功，而有的人却始终与失败结缘呢？这是因为在成长和发展的过程中，成功者总是很积极乐观，不管遇到什么事情，都能把事情朝着好的方向去想，也为此拼尽全力，而失败者却总是消极沮丧，哪怕面对很精彩的人生，依然牢骚满腹觉得不够满意，为此他们形成了负能量场，在做很多有一定难度的事情时，甚至还没有尝试，就因为畏难而放弃了。这样一来，他们暂时避开了失败，同时也失去了成功的所有可能性。为此，他们一定要更加坚定不移，勇往直前，才能走得更好，才能做得更加准确到位。总而言之，面对人生，不要总是畏惧和退缩，而是要有勇往直前的精神，才能不忘初心，砥砺前行，也才能勇敢无畏，在人生的道路上向前，向前，再向前。

为了让很多事情都有圆满的结果，是可以做到未雨绸缪的，但是问题在于，未雨绸缪要有限度，而不要杞人忧天，设想到各种糟糕的结果，就对于即将发生的事情变得非常无奈和困窘。任何时候，唯有全力以赴面对人生，我们才能在成长的过程中不断地努力进取，才能持续进步，也才能朝着人生勇敢迈进。记住，人生没有回头路可走，但是这并不意味着我们就要变成套中人，束手束脚，什么事情都不敢做，什么风险都不敢承担。常言道，心动不如行动，当真正展开实际行动去做很多事情的时候，我们会得到成长，而且事情本身会不断向前推进，也会发生各种好的变化和微妙的转化。为此，我们可以审时度势，顺势而为，这样才能有的放矢地向前发展，也才能无所畏惧地前行。

梦想如果始终放在心里，随着时间的流逝，最终会变成空想，很难开花结果。只有把梦想付诸实践，我们才能在追求梦想的道路上不断地向前，勇敢地前进，也才能真正滋润和浇灌梦想的种子，让梦想开花结果。如果说树立梦想是实现梦想的第一步，那么展开实际行动则是迈向梦想的第二步。作为一个积极向上的生命个体，我们还要避免陷入误区，不要误以为梦想必须在万事俱备只欠东风的情况下才能实现，现实告诉我们，理想总是丰满的，现实总是骨感的，因此，我们往往还差很多步，才能真正接近梦想。这是一个漫长的历程，是我们无法轻易实现的。为此，我们一定要全力以赴经营好人生，才能激发自身的所有潜能与力量，也才能真正把该做的事情做好。

很多时候，事情并不像我们想象的那么糟糕，最重要的在于，要把握宝贵的人生时光，这样才能最快速地作出选择，完成梦想。如果总是因为不确定梦想能否实现而犹豫不决、迟疑不定，则未来一定会变得非常尴尬和被动，也会因此陷入糟糕的境遇。人生道路上，我们之所以错过那些美好和千载难逢的机会，就是因为无休止地等待，也是因为无限度地拖延。

高三那一年，学习压力特别大，小月每当觉得自己有可能考不上大学的时候，就会和同桌小川一起畅想未来，幻想着在高中毕业后可以开一家高端定制的成衣店，连店名小月都想好了，就叫“芳草地”。在小月的幻想中，这个店很大，一边用作销售高档时装布料，一边用作服装定制，量体裁衣。这样的憧憬常常让小月觉得内心充满希望，在复习的时候也总是精神抖擞，充满力量。

后来，小月真的没有考上心仪的大学，虽然可以勉强读大专，但是她不愿意凑合，倔强的她背起行囊去了外地打工，因为她目前没有钱可以开“芳草地”。她打工是有目的的，她去了一家服装厂，决定从最基本的流水线作业开始做起。小川也没有考上大学，甚至高考的成绩还不如小月呢！高中毕业后，小川拒绝了小月的邀请，没有和小月一起去打工，而是在家附近打工，没过两年就结婚了。这个时候，小月已经熟悉了服装厂里的流水线作业，而且还自学了服装设计。因为在服装厂里工作，小月有机会接触那些优秀的设计师，为此进步非常大。5年之后，小月决定回家开“芳草地”，邀请小川参加，这个时候，小川因为觉得服装行业竞争激烈，而拒绝了小月的邀请。

几年又过去了，小月的“芳草地”名气越来越大，小月索性成立了服装厂，把事业做得更大。而这个时候小川已经是两个孩子的妈妈，每天都在为生活操劳忙碌，看起来比实际年龄老了十几岁。后来，小月事业有成，而小川则因为丈夫婚外恋而以离婚收场。

原本的好朋友，就因为对于梦想的态度不同，所以有了截然不同的人生。小月能够始终牢记自己的梦想，坚持把梦想变成现实，哪怕一开始需要卧薪尝胆，不断积累关于服装的经验，学习关于服装的知识，她也没有畏惧和退缩。和小月相比，小川则显得非常犹豫，而且缺乏自信。小月在条件成熟的情况下邀请小川一起开服装店，都被小川拒绝了，可想而知离婚之后没有经济来源的小川生活将会多么艰难。

人生，除了要有梦想，还要有行动力。从某种意义上而言，行动力甚至比梦想更重要，也更加不可或缺。在年轻的时候，我们可能缺乏资本，没有经验，会面临太多的困境和障碍，但是，一旦有机会，我们必须抓住机会当机立断展开行动，给予自己的人生更多的可能性和更加美好的未来。任何时候，都不要觉得人生可以一蹴而就，天上不会掉馅饼，世界上更没有免费的午餐，要想在生命的历程中不断地崛起和奋进，就一定要端正心态，才能有的放矢面对人生，也才能全力以赴抓住人生中千载难逢的好机会，经营好人生。

梦想不是幻想

很多人都会把梦想和幻想混为一谈，虽然这两个词语都与人生密切相关，而且只有一字之差，但是梦想与幻想却有着天壤之别。所谓梦想，是人们积极主动为自己树立的远大目标，为此有梦想的人总是能够朝着梦想的方向努力和前进，也有很大的可能性把梦想变成现实。与梦想相比，幻想则不同，幻想是空想，带有不切实际的特点，常常因为过度脱离现实生活而变成水中花、镜中月，也有可能因为当事者的拖延和懒惰，而导致失去实现的可能性。

为此，我们一定要区分清楚梦想与幻想之间的关系，才能有的放矢实现梦想，也才能避免因幻想而浪费宝贵的时间和精力。有人说人生是一场旅程，实际上与其说人生是旅程，不如说人生是在登山，而且很多时候是在攀登一座荒山。荒山是无路可走的，甚至要求我们必须手脚并用，抓住身边的大石头努力地向上爬，才能一步一个脚印努力攀登，不懈进取。有的时候，我们在登山过程中也会面对无法逾越的障碍，每当这时，不要灰心，不要沮丧，而是要在人生的道路上不断地努力进取，持续地进步，才能距离梦想越来越近。如果不能超越困境和难关，就要绕道而行，哪怕是迂回曲折，也比无所作为要好。

人人都有远大的梦想，人人都有无穷的幻想，如果总是耽于幻想，或者沉迷于幻想，则会耗费我们的时间和精力，也会消磨我们的斗志。如果说幻想只是随随便便想一想，那么梦想则要求有可行性，也可以切实迈开脚步在通往梦想的道路上向前。梦想固然要远大，但是却要以现实作为基础，而不要过于远大，甚至虚无缥缈，否则非但无法对人生起到积极的作用，而且会对人生产生消极的影响。为此，梦想要基于现实的基础，而且要有的放矢地面对人生。如果总是漫无目的，在生命的历程中不断地迷失，则未来一定无法实现梦想，也会使得人生面临很多的无奈和困境。

现实生活中，眼高手低的人很多，我们要做的是对自己有客观公正的认知，以便全力以赴实现梦想。唯有如此，我们才能在成长的道路上不断地进取，也才能激发自己所有的斗志和潜能，让自己距离梦想中的生活越来越近。但是，梦想也不能过于平庸，如果梦想总是轻而易举就可以实现，甚至让我们觉得轻轻松松、毫不费力，那么这样的梦想也就会使我们迷失在人生的道路上，使得我们的人生有更多的无奈和无力感。

在秦朝末年，陈胜发出了“燕雀安知鸿鹄之志”的呼喊，而在如今的时代，每个人都有很多的机会，也面临人生的诸多可能性。与其一味地抱怨或者感慨，不如当机立断展开行动，这样反而可以抓住人生中千载难逢的好机会，也可以全力以赴经营好人生。未来总是有很多的事情需要我们去面对，也有很多的机会等着我们去把握，我们一定要做好充分的准备，随时随地都能抓住机会，也随时随地都可以真正地把握机会，这才是最重要的。

梦想再远大，也要脚踏实地从一点一滴做起。我们在确立远大的梦想之后，如果觉得这个梦想距离现实生活太过遥远，还可以把梦想进行划分，使其成为经过努力可以实现的短期、中期目标。在一个又一个实现目标的过程中，我们可以不断地证明自己的能力，证明自己的实力，最终不断地向梦想迈进，让未来变得更加值得期待和憧憬。

第 02 章

不管付出多少努力，也要活成自己喜欢的样子

每一个人的心中都有一个或大或小的秘密，那就是他们不敢说出口的梦想。原本，有梦想是一件好事情，偏偏有太多人在面对自己的梦想时感到心虚，他们不知道如何才能实现梦想，也不知道应该以怎样的姿态面对梦想。殊不知，真正的梦想是活成自己喜欢的样子，否则通过模仿他人而获得的成功，就算是再大的成功，也是虚伪的复制品，根本代表不了我们自己。

想要就去争取，才有可能得到

天上会掉馅饼吗？当然不会。人生中，会有毫不费力就能得到的成功吗？当然不会。每个人都知道世界上没有天上掉馅饼的好事情，也没有免费的午餐，为此作为一个充满欲望的人，我们不管想要什么，都要努力去争取，才有可能得到，如果总是沉沦和迷失，则在生命的道路上我们一定会失去自我，也会变得越来越迷惘和无奈。

有些人总是盲目地放弃，他们一想到在真正做事的过程中会面临很多的困难和障碍，为此就会轻易放弃，殊不知，任何事情如果不真正去做，我们就不知道自己的能量有多么强大，也不知道事情到底会朝着哪个方向去发展。最重要的在于，我们除了要有梦想之外，一定要当机立断展开实际行动去做，才能在追求梦想的过程中距离成功越来越近。

如今，很多人都在感慨光阴荏苒，岁月流逝，这样酸溜溜的话听起来，未免让人感到空虚和乏味，而且还带着矫揉造作的意味。每个人的生命都像是一条河流，或者清浅奔腾，或者静水流深，而只要是河流就在流淌，以我们知道的或者不知道的速度。正如奥斯特洛夫斯基所说的，人，最宝贵的是生命，对于每个人而言，生命都只有一次机会。的确如此，生命的时光如同白驹过隙一般闪现，我们要想在生活中活出更多的理想和未来，就一定要全力以赴经营好人生，也要争分夺秒珍惜时间，利用好生命中的每一天，这样的人生才是更加理性和从容的，也才是更加从容不迫的。未来，人生一定要有梦想，才能不断地进取，持续地进步，也才能在生命的历程中坚持奋进，努力前行。

作为一个名副其实的天才儿童，小雨在小学阶段二连跳，到了初中又跳级一次，考上大学的时候比班级同学整整小了3岁。为此，很多同学都觉得小雨很幼稚，也觉得小雨的思想非常简单，都称呼小雨是小孩子。小雨对此不以为然，继续在班级里保持着最优异的成绩，而且在其他同学都已经20岁的时候，他才成年，别说男生拿小雨当孩子，就连女生也都说小雨是小弟弟。

时光飞逝，转眼之间，大家都面临毕业，小雨虽然年纪小，梦想可不小，他的梦想是考上一所名牌大学的研究生，等到自己成熟一些时再走上社会。对此，同学们纷纷对小雨发出善意的笑声："小雨真的有自知之明啊，否则哪家单位敢雇用童工呢？"然而，小雨想要报考的是国外的一所知名大学，他不但想考上研究生，还想拿到奖学金，这谈何容易呢？就在同学们嘴上笑着，心里都觉得小雨根本是痴人说梦的时候，小雨却接到了那所学校的录取通知书。全班同学，甚至全校同学都震惊了：这个小不点到底是如何做到的呢？其实，小雨想要考取世界著名学校研究生的想法不是如今才有的，而是在他高三时就已经有的。当时，小雨想去国外读大学，但是爸爸妈妈觉得小雨年纪小，都不愿意让小雨出国。为此，小雨把出国的时间推迟了4年，和那些到了大三大四才开始仓促准备考试的同学相比，小雨是一只聪明的鸟儿，却早飞了很久。

对于那些被人嘲笑的梦想，只要我们足够坚持和努力，就一定能够获得成功。如果总是在成长的道路上迷失，而不知道人生未来将会面临怎样的局面，我们如何才能确立方向，在人生的道路上勇往直前呢？任何时候，都不要轻易放弃人生，人生就像是下棋，如果能够做到走一步看三步，或者走一步思谋七步，则我们就有更大的把握在人生的棋局中获胜。

生命的历程中，我们常常看着别人那么优秀就盲目羡慕别人，殊不知，别人的一切好运气背后都是谋划已久的一场长途奔袭。只有不断地成长和努力，只有全力以赴经营好人生，我们才能活出自己想要的模样，也才能真正得到自己想要的一切！

纵情肆意的人生还能持续多久

看到“纵情肆意”四个字，是不是会想起李白的那首诗“人生得意须尽欢，莫使金樽空对月。天生我材必有用，千金散尽还复来”？李白号称“诗仙”，是因为他的豪情壮志和传奇人生。在生命的历程中，没有人愿意被条条框框限制和禁锢。然而，这个世界上并没有真正的自由存在，所有人的自由都是在法律规定和约束范围内的自由，是相对的自由。为此，不要幻想着得到绝对的自由，也不要因为纵情肆意而让人生面临很多尴尬的局面。唯有理性认知自己，也意识到什么才是真正的自由，我们才能充分享受自由。

说起“放纵”二字，很多人都会马上想到青春期里莽撞的孩子。其实，不仅仅青春期的孩子喜欢放纵，很多成人也会放纵自己的人生。例如，在寒冷的清晨里，躲在温暖的被窝中不愿意出来，甚至因此而请假不去上班；在夜幕降临之后，迟迟不愿意入睡，而是肆无忌惮地玩游戏，因此越来越沉迷，导致哈欠连天，睡眠不足。这样的行为因为缺乏理性的约束，都是纵情肆意的表现。实际上，对于人生而言，没有太多的时间可以挥霍和浪费，哪怕作为年轻人，也要珍惜宝贵的青春时光，也要有的放矢地经营好人生，而不要总是金樽空对月，白白浪费宝贵的青春时光。

在高一、高二整整两年的时间里，小艾一直在享受纵情肆意的人生。她是个女孩子，虽然不会像其他男孩子一样沉迷于玩游戏，但是却很喜欢看言情小说，为此她看完了琼瑶看席慕蓉，后来又开始迷恋起文学作品，诸如小说、纪实文学等。每当夜幕降临，宿舍里的灯也熄了，小艾就躲在被窝里打着手电简看小说。正是在这样的“敬业精神”之下，仅用了一年的时间，她就戴上了眼镜，成为不折不扣的近视眼。原本美丽的大眼睛被眼镜遮挡住了，小艾却丝毫不感到后悔，而是继续看小说，挑灯夜读，从不懈怠。

就这样，两年的时间过去，小艾虽然没有贪玩，但是学习成绩却直线下降。直到高三的时候，小艾似乎一下子开了窍，临时树立了梦想，要考上北京大学中文系。然而，这个梦想对于那些平日里品学兼优的孩子都有很大的难度，更何况小艾呢？整个高三，小艾没日没夜地拼搏，疲惫不堪。在这样的拼搏进取之下，小艾终于考入了北京师范大学中文系，比起北京大学来，多了“师范”二字，这让小艾很不满意。为此，在大学4年期间，小艾始终都在为考上北京大学研究生而继续努力。小艾度过了充实的4年大学生活之后，如愿以偿进入北京大学研究生学院继续学习。

学习是一个积累的过程，幸好小艾到了高三的时候反省过来，所以才能抓住宝贵的高三时间，努力拼搏，让自己在学习上有突飞猛进的发展。如果一直放纵到高三，任何大学她都可能考不上。后知后觉的小艾意识到学习的重要性，进入大学之后，充实地度过了4年的大学时光，才如愿以偿考上北京大学研究生。

人生的时光固然无法逆转，但是只要抓住机会还是可以成功逆袭的。在生命的历程中，我们最重要的就是不抛弃、不放弃，任何时候都牢牢把握生命的脉搏，都勇敢无畏地畅行人生的道路。否则，在不知不觉间浪费了时间，人生向上的动力就会失去，人生的未来也会变得不可预期。记住，在这个世界上，你就是你的上帝，你就是你的神，只有你才可以改变你自己，也只有你才能控制自己在年少轻狂时不肆意放纵，而是为了梦想坚持不懈地努力向上，也相信自己的努力总有一天会开花结果。

不要一味相信自己很棒

常言道，知足常乐，这是告诉我们在人生的道路上，要学会感恩和知足，这样才能得到满足和快乐。然而，在追求梦想的道路上，却又要有不知足的精神，这样才能不断激励自己努力向上，也能让自己有更加美好的未来。看到这里，一定有朋友会感到困惑：一会儿要知足，一会儿又要不知足，这岂不是自相矛盾吗？那到底要怎么做呢？实际上，知足是快乐，不知足是进取，这是人生在不同状态的两种截然不同的态度，是不矛盾和不相互排斥的。

在现实生活中，总有人觉得自己失去的太多，而得到的太少，为此怨声载道，也总是愤愤不平。实际上，得到和失去都是相对的，在人生之中，我们作为真正的富有者理所应当学会付出，这样才能让自己在成长的道路上不断地努力进取，也才能让自己活出独有的精彩。人，既不要妄自菲薄，让自己变得自卑沮丧，也不要妄自尊大，总觉得世界第一，自己就是第二。我们固然要怀着淡然的心，不与他人进行盲目的攀比，更不要总是嫉妒他人，要时常看到身边的人在现实生活中有怎样的表现，知道人外有人天外有天，也知道自己必须更加努力和进取，才能在人生的道路上无所畏惧地前行，全力以赴地奋进。

只相信自己很棒，是远远不够的，还要真正表现出自己的优秀，证明自己的出类拔萃，在人生奋进的道路上不断地进取，在人生持续的过程中激励自己，突破和超越自己。唯有如此，我们才能获得更加精彩的人生，也才能在生命历程中有更好的表现和更卓越的成长。

很小的时候，思思就特别喜欢跳舞。一开始，她只是跟随着音乐的律动翩翩起舞，爸爸妈妈都惊讶于小小年纪的她就能踩着音乐的节奏，主动做出比较协调的动作。随着年龄不断的增长，思思对于舞蹈越来越热爱，她除了吃饭、睡觉之外，其余的时间都在跳舞，尤其是在妈妈给她报名参加了舞蹈培训班之后，她对于舞蹈更加执着，也更加狂热。就连舞蹈老师都说思思很适合跳舞，是个好苗子。

随着年级的不断升高，思思因为跳舞占用过多时间严重影响了学习，为此她必须在一放学之后就去练习舞蹈，而又利用晚上的时间恶补文化课。尤其是在达到一定水平开始参加各种比赛之后，思思可以用于学习的时间越来越少。作为一个舞者，思思从未像其他孩子一样大快朵颐，就连女孩子最爱的冰激凌她也很少吃。因为她必须控制体重，才能保持身材，保持身体轻盈。整个童年阶段，思思很少吃零食，尤其是坚决远离垃圾食品，这使得她的身材苗条，而且身体的状态也非常好。升入初中之后，思思成为班级里所有女生的羡慕对象，大家都羡慕思思有着好身材，也因为练习舞蹈而有着优雅的气质。后来，思思在全国舞蹈比赛中获得大奖，在高三毕业后，她又成功地考入舞蹈学院，还因为舞姿优美、形象很好而被选为一部电影的女二号呢！一条平坦的职业发展道路，似乎已经在思思面前展开。

如今，很多女孩都叫嚣着要减肥，也知道减肥并没有什么诀窍，那就是“管住嘴，迈开腿”，然而，真正能够做到这6个字的女孩却少之又少。不吃冰激凌的女孩，似乎不懂得宠爱自己；不吃零食的女孩，心情不好的时候嘴巴应该怎么办呢？尤其是面对着美味的食物却只能吃白水煮菜的人生，简直灰暗无比。如果你不能坚持从小就这样严格要求自己，控制饮食，那么你就不要抱怨自己不如其他女孩那样又瘦又美丽。当你大快朵颐的时候，一定不要忘记提醒自己这样会长胖。要知道，很多优秀的女孩和你相比天生丽质，她们明明可以靠颜值取胜，却依然靠实力去拼搏，靠毅力去管理自己。所以不要轻而易举就觉得自己很棒，要知道这样的知足是进步的障碍，只有时刻保持空杯心态，也只有时刻保持积极奋进的精神，我们才能在成长的道路上坚持努力进取，也才能遇见最好的自己。

底牌决定了你的人生道路

有人说，看一个人的底牌，看他的朋友；看一个人的实力，看他的敌人。在人生的道路上，每个人都是特立独行的生命个体，每个人都有自己的梦想和理想人生，为此，一定要有人生的底牌，才能在成长和发展的过程中让自己始终都有资本，也始终能够把很多事情做得更好。在现实生活中，很多人都听说过“心比天高，命比纸薄”这句话，这句话告诉我们当一个人的实力与梦想之间相隔遥远的距离，总是导致巨大的落差出现。为了避免“心比天高，命比纸薄”成为我们人生的形容词，我们一定要更加努力进取，这样才能以实力为自己代言，也才能用能力证明自己。

所谓人生的底牌，就是一个人真实的能力和水平，就是一个人在人生中拥有多少资本的表现。当然，每个人从一出生开始就有不同的起点，这些外部环境的差异不是生命的底牌，他们真正的底牌要在努力成长的过程中才能获得。而父母所给予他们的一切，都是他们的起点，也是他们轻而易举就能获得的，甚至不能从根本上决定他们的人生是成功还是失败。为此，不管你出生的时候人生的起点是高还是低，当你步入人生的赛道时，就要激发自己的潜能，让自己全力以赴做到最好，做得更加出色，这样你才会有人生的杀手锏，也才会在人生之中有更加出类拔萃的表现。

小敏从小家境殷实，为此习惯了衣来伸手、饭来张口的生活。也许是从小就被父母安排习惯了，到了初中，小敏突然变得很叛逆，总是不愿意上课，常常逃课，还拿着钱肆意挥霍。爸爸妈妈为此伤透了脑筋，也觉得小敏这一辈子甚至都要这样浑浑噩噩、叛逆地度过。就这样从初中闹腾到高中，直到高二的某一天，小敏正准备逃课出去和“狐朋狗友”玩，还没有走出班级教室的门，就被老师抓个正着。

老师当即喝令逃课的孩子回到教室里做一道刚刚讲过的数学题，巧合得很，小敏因为无聊刚看过这道数学题，为此她很顺利地把题目做出来了，而且解答过程堪称完美。老师看出来小敏和其他差等生不同，语重心地长对小敏说：“小敏，其他同学是没有能力学好，但是你和他们不一样。你是个非常聪明的女孩，只要你愿意，你是可以把学习成绩搞好的。还有一年多就要高中毕业了，你为何不给自己一个机会去大学里看看呢？那里，有你从未看过的世界，你如果继续这样混下去，有朝一日一定会后悔的。”此后，老师经常给小敏做思想工作，渐渐地，小敏被老师打动，而且趁着暑假，央求爸爸妈妈带着她去了北京、上海等城市，专门游览了大学校园。小敏深刻也意识到老师说的是对的，从此之后，她努力学习，而且主动要求爸爸妈妈给她报名参加补习班。就这样，小敏的学习成绩很快得以提升，她从班级里的差等生变成中等生，后来渐渐地成为优等生。高考的时候，小敏以优秀的成绩考入一所一本院校。大学的生活丰富多彩，才进入大学一个月，小敏就特意写信感谢老师当年对她不离不弃的教导。在整个大学期间，小敏都没有放纵过，而是始终努力学习，勤奋刻苦，结果顺利考上本校的研究生，她的理想是将来成为一名大学老师。

在这个案例中，小敏从一个凭着爸爸妈妈提供的优越条件而放纵的孩子，变成了一个积极努力面对人生的孩子。尤其是在进入大学校园之后，她的视野变得更加开阔，这就注定了她的人生将会与众不同。一直以来，关于学历的争论就没有停止过，很多人觉得学历没有用，就是一张纸，也有很多人认为学历是敲门砖，可以代表一个人在特定的学习阶段取得的成绩，还有人认为学历非常重要，能够代表一切。不得不说，这些想法都有失偏颇。实际上，学历既不那么重要，也不那么不重要，但是在大学教育普及程度越来越高的今天，学历还是必需的，至少可以证明我们已经接受了大学阶段的教育。

现代社会生存的压力越来越大，职场上的竞争日益激烈，一个人要想在社会上为自己赢得一席之地，没有点儿真才实学是不行的。为此，不要再为学历是否重要而纠结，因为在你纠结的时候，很多人已经悄无声息地考取了双学历，甚至还获得了很多证书。一个人拥有多少底牌，往往决定了他能够在人生的道路上走多远，从现在开始，何不利用宝贵的生命时光让自己拥有更多的资本呢？俗话说，家有余粮，心里不慌。实际上，在人生的历程中，我们一定要让自己获得更多的资本，才可以坦然面对人生，也才可以在人生的道路上走出自己独特的姿态！

让眼泪流到心里，把牙齿吞到肚子里

常言道，人生不如意十之八九，这就告诉我们在生命的历程中，很多人的人生都会遭遇各种坎坷挫折与磨难，也常常会为此而陷入各种被动的局面。要想成为人生的强者，我们就要昂起头让眼泪流到心里，也要打落牙齿往肚子里咽，这样才能让自己更加有的放矢面对人生，也才能激发所有的生命能量，让自己在人生之中有更加精彩和出类拔萃的表现。

既然注定要走一条充满艰难坎坷的人生道路，我们要做的就是勇敢面对。因为即使逃避，也根本逃不过去，面对才是最好的选择，也才是强者的所为。在生命的历程中，固然人人都希望自己会有出类拔萃的表现，也都希望自己的人生之路可以更加平坦和顺利，而实际上，人生中的任何收获都不是平白无故得到的，也不是随随便便就可以获取的。有的时候我们看到成功者似乎一夜成名，或者轻而易举获得成功，那只是因为我们忽略了他们在成功之前进行的艰苦卓绝的努力。

在各行各业中，学习医学的学生总是非常辛苦的，一则是因为他们要承受巨大的心理压力，面对从来不曾面对的人体各种器官，甚至是福尔马林浸泡的人类躯体；二则是因为医学的知识如同海洋一般浩渺，就算在医学院里潜心学习多年，将来在真正走上工作岗位之后，也有可能面临很多实际的难题，尤其是现代社会的医患关系很紧张，医患纠纷时常发生，更是让医生无形中承受着巨大的压力。为此，有人调侃说“行医有风险，入行需谨慎”，也有人说“劝人学医，天打雷劈”。然而，医者仁心，妙手回春，人吃五谷杂粮没有不生病的，如果没有医生救死扶伤，我们如何能够保证身体健康呢?

正是带着这样高度的思想认知，思雅才义无反顾地在高考之后，以优异的成绩报考了医学院。其实，思雅之所以坚定不移要学医，也与奶奶当年因为患上一种怪病去世有关系。思雅从小是由奶奶带大的，当初父母都在外地上班，只好把年幼的思雅交给奶奶带着。然而，奶奶患病之后辗转多家医院，都没有治愈，最终失去了生命。这件事情给思雅带来很大的打击，也许就从那个时候开始，正在读高中的思雅就已经决定学医了。思雅不是没有听过关于学医的那些谣传，她也准备好了迎接一切挑战。然而，在真正去医学院学习之后，思雅才意识到人类在自然界的神奇力量面前是多么渺小，而生老病死正是自然界的基本规律之一。为此，思雅总是咬紧牙关吃苦，哪怕在面对福尔马林浸泡的人类躯体干呕时，她仍强迫自己勇敢面对。经过在医学院的多年学习之后，思雅终于走上了诊台，开始与患者面对面。她这个时候才深刻感悟到，真正的考验才到来。面对性格、心态各不相同的患者和患者家属，思雅必须非常耐心地对待他们，才可以平复他们因为患病而紧张焦虑的情绪。思雅也曾在被误解之后偷偷哭过，但是她始终没有放弃努力。她坚信自己的使命是治病救人，也愿意用自己的善良与温情抚慰病人的无尽伤痛。

三百六十行，行行出状元。然而，三百六十行，不管做好哪一行，都要付出长期的辛苦和努力，才能让自己更加出类拔萃，也才能让自己真正卓尔不凡。在这个世界上，没有任何工作是容易做的，既然要在社会上生存，我们就要时刻做好准备，努力吃苦，勤奋拼搏，这样才能改变人生的现状，突破自我的限制和禁锢，从而让人生有更好的发展和未来。如果在生命的历程中不断地沉沦，在未来的道路上总是退缩和恐惧，只会让人生的现状变得更加被动和无奈。

人生在世，谁还没有一肚子苦水呢？如果不能说出来，不如将其放在心中慢慢消化。在人生的旅程中，那些曾经昂着头流到心里的泪水，那些打落之后和着血咽到肚子里的牙齿，最终都会变成你人生的勋章，也会成为你在人生之中最坚硬的盔甲和最无可取代的坚强。

第03章

现实如此残酷，还不赶快去奋斗

理想是丰满的，现实是骨感的，在人生的道路上，人人都要面临这样的窘境，为此不要把人生想象得过于美好，而是要做好准备迎接人生的挑战和磨砺，也要在不断奋斗的过程中让自己变得更加强大和无所畏惧。很多人都会怀疑努力的意义，生怕自己在努力奋斗之后不能得到理想的结果，为此他们对于努力这件事情总是犹豫不决。殊不知，对于人生而言，只有不断地努力上进，才能最大限度激发生命的斗志，也才能始终无怨无悔地面对人生。

努力总是有意义的

努力与成功之间的关系到底是怎么样的呢？有人认为一旦努力了就能获得成功，而现实却告诉我们，很多时候即便努力了也未必能够获得成功。为此，不要因为努力不一定能获得想要的结果，就陷入沉沦的状态，而是要更加点燃生命的激情，在努力奋斗的过程中把握人生更多的可能性，也掌握人生更多的意义。努力了未必有收获，但是不努力就绝无收获，在这种情况下，你到底选择哪一个呢？相信明智的人都会做出理智的决定，也会真正把握好人生。

在现实生活中，很多人都觉得人生的道路非常漫长，也觉得通往梦想的道路充满坎坷，使人迷惘。实际上，这正是人生的常态，人生不如意十之八九，确立梦想只是让人生腾飞的第一步，更重要的在于，在梦想的指引下，我们要迈出人生中切实的一步，这样才能真正距离梦想越来越近，也才能在追求人生的道路上更加努力进取，无所畏惧。很多时候，有些人已经朝着梦想非常努力和靠近，却在最终接近成功的时候选择了放弃，这对于人生而言当然是非常糟糕的表现，也是非常无奈且使人遗憾的选择。古人云，以五十步笑百步，这是说那些在战场上逃跑的人，不要以自己逃跑了五十步，就嘲笑那些逃跑了一百步的人，因为不管是五十步还是一百步，都是逃跑，性质都是相同的。任何时候，都不要不努力，努力总有意义，你要相信你的努力终究有一天会开花结果。

在物理学上有一个理论，那就是由量变引起质变。当然，量的积累并非在一开始的时候就会引起质变，而是要经过不断的积累，才能最终发生质变。为此，即便已经付出了努力，也不要总是为此而感到焦虑，所谓心急吃不了热豆腐，只有脚踏实地地去积累和努力，我们才能在成长的道路上坚持进取，砥砺前行。

很多人都被一个悖论欺骗了，觉得人生而平等，实际上，人生而不平等。从新生命呱呱坠地开始，就面临不同的起点，有的孩子出生在有钱人家里，一出生就含着金汤匙，而有的孩子出生在穷人家里，一出生就面临穷困的生活，甚至连基本的生活都不能保障。除了家庭经济方面的巨大差异之外，还有的孩子在先天条件方面面临很大的差异，例如，有的人天生就很聪明，所谓天资聪颖，而有的人天生就很愚钝，所谓天资愚笨。这些，都是人与人之间的差异，也是与生俱来的不平等。当然，大多数人都是很普通的，有着相似的天赋和条件，也有着相差无几的运气，在这种情况下要想活出独属于自己的精彩，就一定要更加努力，才能让自己出类拔萃，在人群中脱颖而出。

晓东和李娜是一个院子里的邻居，他们的爸爸妈妈是同事，彼此都很熟悉。晓东的爸爸妈妈是厂子里的中层管理者，为此晓东的家庭条件很好，而李娜的爸爸妈妈都是普通工人，家庭经济条件一般。也许命运总是公平的吧，晓东虽然家庭条件好，但是学习方面却很平庸，而李娜呢，尽管家庭条件普通，但是学习方面却出类拔萃。每当到了考试的时候，晓东的爸爸妈妈总是恨铁不成钢地对晓东说："你这个男子汉怎么就不能把学习成绩搞上去。你看看李娜那个小丫头，每次考试都是第一名，你呢，虽然也是第一名，却是倒数的。"到了初中，晓东和李娜之间的差距越来越大。

光阴似箭，转眼之间，晓东和李娜都到了高三，即将参加高考。李娜的爸爸妈妈语重心长地对李娜说："娜娜，咱家没有那么多钱，你一定要考上公办学校，这样学费便宜，学校也很好。"娜娜点点头，对爸爸妈妈说："放心吧，爸爸妈妈。我一定会考上名牌大学，给你们脸上增光。"晓东的爸爸妈妈虽然也总是给晓东打气，但是晓东在高考中还是名落孙山，最终只得花钱上了个不入流的民办学校。

一个人的出身并不能代表他以后的人生会怎样，所谓三十年河东，三十年河西，又所谓富不过三代，正是告诉我们在现实生活中，很多家境优渥的孩子因为没有激发自己的斗志，从小习惯了安逸富裕的生活，为此总是在成长过程中有很糟糕的表现。就像案例中的晓东，虽然出生的起点很高，但是人生的发展却不如人意。再如李娜，尽管父母都是普通的工人阶层，但是却始终能够在成长过程中努力奋斗，最终以优异的高考成绩成功扭转了命运。在人生的旅途中，每个人都有自己的理想，也有自己的人生。出生的起点高低，固然会对我们的人生起到积极的辅助作用，但是并不完全决定我们的人生。任何时候，我们都要全力以赴在生命的历程中争取做到更好，这样才有资本实现梦想，也才有可能掌控人生，主宰命运。

如果努力注定不会有预想的结果，那么还要继续努力吗？答案是肯定的。就算努力不能让我们如愿以偿，我们依然要努力，因为努力总是有意义，哪怕只是让我们学会坚持，也是对于我们的人生有很大好处的，也会起到积极的激励作用。记住，努力未必能让你一定超越别人，但是却能让你和曾经的自己变得不一样。哪怕是一点点的进步，在生命的旅程中都有可能给我们带来感悟，带来助力，这就是努力最重要的意义，也是努力在人生中不可或缺的理由！

必须成功的人才能真正获得成功

想成功和要成功有什么区别呢？从表面来看，只有一字之差，而从本质来看，想成功和要成功却有着本质的区别。想成功，只是想想而已，想的欲望还不强烈，还没有发展到付诸实践的程度，而要成功，则比想成功更近了一步，比想的欲望更加强烈，而且已经发展到展开实际行动的地步，为此开始切实推进。

要成功，带着更多必须成功的意味，为此，也会给人更加强烈的推动力。古今中外，大多数成功者都对成功怀有强烈的欲望，而且有必须成功的坚定信念。为此，他们在追求成功的道路上哪怕遇到很多的艰难坎坷和挫折，也从来不会轻易放弃，而是激发自己所有的力量，更加努力向前，更加坚持到底。人人都知道只有坚持到最后的人才能获得成功的道理，但是却只有少数人能够真正去坚持，也只有极少数人真正获得成功。尤其是在面对人生中进退两难的困境时，就要更加有胆识有气魄，才能迅速果断作出抉择。

心理学家经过研究发现，每个人都有无穷的潜力，甚至包括爱迪生、爱因斯坦等科学家在内，也只是运用了十分之一的潜能而已。由此可见，每个人都是一座无穷的宝藏，都是沉睡的雄狮，只有在成长的道路上不断地努力进取，坚持奋斗，才能唤醒自己的所有潜能。

晓雪在初中时就失去了爸爸，家里一下子失去了顶梁柱，妈妈不得不承担起养家糊口的重任，开始想方设法地挣钱，供晓雪和弟弟读书。等到晓雪高中毕业，弟弟也上了高中，妈妈身体也不是很好，再也没有足够的力量支撑起全家的生活。这个时候，懂事的晓雪主动提出辍学打工，供弟弟读书。妈妈尽管很心疼学习成绩优异的晓雪，但是心有余而力不足，只好答应了晓雪的请求。

晓雪是个很有想法的孩子，到了大城市之后，她没有急于找工作，而是先观察和打听各行各业中哪个工作挣钱更多。毕竟她放弃学业的目的就是挣钱，而且挣钱也是她的当务之急。经过一番考察和衡量，晓雪发现很多保险业务员都很挣钱，为此在大城市里两眼一抹黑的她决定从保险业务员开始做起，挑战自己。不得不说，这是一个很大的挑战，很多保险业务员都从向熟人推销开始做起，而晓雪却要完全从陌生的地方陌生的人群开始做起。但是她没有贪心，而是从最容易推销出去的每年100块的意外险开始做起。她在公司接受短暂的培训之后，在到岗的第一天就带着宣传彩页开始进行陌生拜访。她知道如今的人警惕心理都很强，为此她决定从写字楼里开始推销，一则是因为写字楼属于公开场合，人的戒备心理没有那么强；二则是因为写字楼里人群密集，可以实现效率最大化。整整一个月的时间里，晓雪没有休息一天，把附近的写字楼都跑了个遍，却没有成交一单。她有些沮丧：意外险才100块钱都没有人愿意买吗？然而，她不想放弃，尤其是在参加公司里的月度奖励大会之后，看着那些赢得销售冠军桂冠的同事风光无限，也赚到了很多钱，她决定继续坚持下去，她告诉自己：我必须成功，没有退路！

怀着这样必胜的信念，晓雪又坚持了两个月，终于在试用期即将结束的时候，卖出去人生中的第一张保单——一份意外险保单。虽然这份保单晓雪只能赚取几块钱，但是这极大地鼓舞了她的信心，此后的日子里，她更加勇敢无畏，努力拼搏，销售业绩越来越好，在年底的时候，居然获得了公司里的销售新人奖。春节，晓雪给妈妈和弟弟买了新年礼物，而且在大年三十的团圆宴上，拍着胸脯告诉妈妈："妈妈，放心吧，我一定会获得成功的！我能供弟弟读完博士！"妈妈喜极而泣。

在诸多行业中，销售行业的难度很大，而在销售行业中，保险推销员的工作难度又是最大的，这是因为保险看不到摸不着，而且要等到出现问题才能理赔，为此，保险推销员推销时都要赢得客户的绝对信任，才能得到客户的托付。作为一个初到大城市、两眼一抹黑的外来人，晓雪能够坚定不移在保险推销行业里站稳脚跟，就足以证明她的能力和实力，也足以证明她想要获得成功的强烈欲望。

现实生活中，人人都想获得成功，都渴望人生之路璀璨辉煌。那么，我们必须有足够的信心和勇气，也要有坚定不移的信念。这样才能战胜人生中的坎坷境遇，也才能激发自身的力量，不断地进取，坚持去进步，从而让人生变得更加璀璨夺目。

忍耐让你在绝境中重生

一直以来，人们都说忍字头上一把刀，由此可以看出忍耐的确不是一件容易的事情，尤其是在绝境中要想获得生存的机会，就更要把忍耐和勇敢、智谋、力量相结合，才能让我们在忍耐之余，如愿以偿获得成功。又有人说，小不忍则乱大谋，的确如此。古往今来，因为不能忍耐而导致自己陷入人生窘态的事情时有发生，美玉要想成为品质上乘的玉器，就更要经过万千次雕琢，忍受每一次雕琢给自己带来的痛苦和折磨。还有很多女性朋友都喜欢佩戴珍珠项链，殊不知，珍珠的前世是一颗沙粒，河蚌忍耐着沙粒的摩擦，才孕育了光泽圆润的珍珠。总而言之，这个世界上很多美好的东西之所以能够形成，都是因为在绝境中忍耐，都是因为它们最终超越了绝境，才成就了最美好。

遗憾的是，在现实生活中，很多人都知道忍耐的重要性，却并不能真正做到忍耐。他们在成长的过程中受到一点点苦楚，就会情不自禁地选择逃避或者放弃，或者因为人生面临绝境，而在成长过程中迷失，甚至轻而易举地放弃，这样的举动都会导致他们失去自我，也会导致他们变得迷惘和困惑。任何时候，我们都要更加努力辛苦地坚持，都要更加全力以赴做到最好，也要在艰难的时刻里选择不到最后一刻决不放弃，这样才能有的放矢面对人生，才能无所畏惧成就未来。记住，人生不如意十之八九，没有任何人可以在生命的旅途中始终一帆风顺，既然如此，我们就要接受人生中诸多的不如意，无所畏惧，勇往直前，创造人生的美好，领悟生命的真谛。

前段时间，在社区论坛上，有人提问家里的侄女想考美术专业，是否可行。很多热心的网友都给出了建议，有人说学习美术就是个大坑，最好不要轻易跳进去，也有人说美术专业在现代社会很吃香，可以当设计师，许多行业都需要美术设计师。其实，不管别人怎么说，归根结底要从自己的兴趣出发，有人可以把美术专业学得很好，也可以以此为生，甚至将其做成自己的事业，也有人在美术专业里浮浮沉沉，学习的过程中花了不少钱，但是却没有很好的收获。这是因人而异的。

在听说美术专业就是个大坑的时候，晓明已经一脚踏入了美术专业，他从小就喜欢画画，在决定报考美术专业之前，他从未有过片刻犹豫。然而，在真正进入美术专业之后，他才陆续听到很多学习美术的前辈懊悔不已的言论，但是他始终认为每天都画画并没有什么痛苦，反而觉得拿起画笔是世界上最幸福的事情，为此他对于美术学习始终甘之如饴。大学4年的时间里，他的美术水平越来越高，还成为一名设计师，而且，他还利用一切可以利用的时间画动漫，只靠着兼职画动漫作品所赚取的钱就足够支付购买颜料的昂贵费用。此外，他还开通了公众号，在公众号上发表各种漫画，吸粉无数。就这样，大学刚毕业，他就成立了自己的工作室，成为一名不折不扣的独立设计师。

人生的道路究竟如何，并不取决于别人怎么说。在艰难的日子里，选择怎样的态度面对，是每个人的自由。人人都是自己的上帝，都是主宰自己命运的神，一定要更加积极主动地努力向上，即使在面对人生的一切困厄和遭遇时都绝不屈服，才能让人生绽放出与众不同的光彩。

忍耐，是面对人生不可或缺的态度，是一种姿态，是一种境界，是一种思想成熟的表现。为此，我们对于人生要有忍耐的态度，这样才能在不忘初心、砥砺前行的过程中，坚持下来，以顽强的忍耐精神，让人生绽放华彩，让人生创造奇迹。常言道，人生不如意十之八九，尤其是在充满艰难坎坷的人生道路上，我们唯有以忍耐的精神坚持到底，才能迎来人生的柳暗花明，才能在生命的历程中不断地崛起，持续地奋进，进入人生中更高的境界，品尝人生美妙的滋味。

未来只属于真正的强者

现实生活中，有多少人对人生投降，就有多少人遭遇失败，古往今来，那些真正能够获得成功的人，都是人生的强者，都是在成功道路上一往无前、无所畏惧的人。为此，不要抱怨自己运气不好，也不要抱怨人生有太多的坎坷逆境，只有自己才是命运的真正掌舵人，只有自己，才能真正把握命运的舵，让命运朝着理想的方向行驶和前进。

古往今来，有很多成功者都获得了令人瞩目的成功，但是他们并不完全是同类人。他们有自己的脾气秉性，也有自己坚持的为人处世的作风，还有自己的性格和对于人生的理想，但是他们在相差悬殊的同时，也有共同点，那就是他们不管面临怎样的人生困境都始终坚持不懈。有人说，人生是一场未知的旅途。的确，在人生的境遇中，没有人知道自己将会面临怎样的情形，也没有人知道自己一定会获得怎样的结果。难道因为这些不确定性就陷入被动和沮丧的状态之中无法自拔吗？当然不是，而是要更加不忘初心，砥砺前行，要以更加顽强和坚韧不拔的精神面对人生，我们才能踏遍人生的荆棘，也才能让人生充满更加昂扬向上的精神。俗话说，笑到最后的人才是笑得最好的人，实际上，一个人只有真正笑到最后，才能获得更好的成长和未来，也才能获得更多的人生收获和到达理想胜境。如果总是轻而易举就对人生的困厄境遇缴械投降，总是轻而易举就在人生之中选择放弃，不能继续坚持下去，那么最终就会失去对人生努力和奋斗的力量，也会导致对于未来失去可操控性，失去理想和美好的人生。

有些人羡慕别人的成功，总是情不自禁为那些成功人士总结经验和教训，觉得他们不是有了不起的爹妈，就是有让人羡慕的家世和背景，为此误以为所有人的成功都是走了VIP通道，否则根本不会这么顺利获得。不得不说，这是对于成功的误解，是心里浮躁的表现。实际上，即使我们真的亲眼看到某人一夜成名，轻轻松松就获得成功，也要知道我们只是没有看到他们曾经的努力和坚持，曾经的百折不挠和无所畏惧而已。正如一首歌里所唱的，不经历风雨怎能见彩虹，没有人能随随便便成功。

比尔·盖茨之所以能够创建微软帝国，是因为他在进入哈佛大学之前，就对计算机软件编程表现出浓郁的兴趣，而且还和同学一起利用上学之余的时间兼职为一家公司编程，由此才积攒了实力，也才见识到市场的广阔前景。在古代社会，司马迁创作了《史记》。《史记》被鲁迅先生誉为“史家之绝唱，无韵之离骚”，获得了至高的赞誉，却很少有人知道司马迁是在遭遇宫刑之后在监狱里完成《史记》的，这样忍辱负重的精神，这样为了创作而置自己的痛苦于不顾的精神，是需要每一个人都学习和牢记的。在追求理想的道路上，谁不是打落牙齿往肚子里咽，才能让人生在努力奋斗的过程中绽放光彩，才能在微笑着奋斗到最后一刻的时候，呈现出最美丽的笑容！记住，这个世界从未有一蹴而就的成功，更没有天上掉馅饼的美事，每个人的成功都是努力坚持和不懈奋斗的结果，每个人的人生都要笑到最后才能笑得最美。

任何时候，未来都属于真正的人生强者，只有强者才能把握人生的脉搏，才能获得更强大的力量和更多的收获。毋庸置疑，人人都想拥有成功的人生，要想在人生的旅途中看到更美妙的风景，那么，我们既要坚持努力奋斗，也要全力以赴向前。当我们能够对命运发起进攻，能够始终坚持不向命运妥协，最终我们也会成为命运的主宰，迎来人生柳暗花明的美好境遇，收获更大的进步和成功。

在生命的历程中，人人都想得到鲜花和掌声，人人都想获得万众瞩目的成功。然而，成功从来都不是随随便便就能获得的。在通往成功的道路上，人人都要付出汗水和泪水，甚至还要付出鲜血的代价。有的时候，成功的道路也是不连贯的，甚至会突然中断，这个时候就需要我们踏遍荆棘，才能在人生的历程中迎来更加美妙的境遇，也才能获得更加从容的未来。记住，未来永远属于你，只要你坚持不懈，只要你不忘初心，只要你始终砥砺前行，你就能在生命的历程中创造奇迹，就能在人生的道路上获得梦寐以求的成功。

坚持是成功者的特质

人人都追求成功，很多时候成功就藏在转角处，如果不能坚持到底，努力半途而废，就会导致我们在即将获得成功之时选择了放弃，就会导致我们的人生彻底失去了与成功交汇的机会。古往今来，真正的成功者也许各有天赋，各有成功的原因和理由，但是他们真正能够获得成功的原因却是坚持，也可以说坚持是所有成功者的特质，也是一切成功者能够奋勇向前的共同原因之一。

人们常说，坚持到底就是胜利，然而，在人生的道路上面对各种艰难的奋斗和困境时，真正能够坚持到底的人却少之又少，也正因为如此，才有那么多人与失败结缘，而只有极少数人才能获得成功。古人所说的“功亏一篑”就是形容人们在坚持奋斗很久之后，在即将获得成功的前一刻选择了放弃。古今中外，无数的成功者之所以能够获得成功，都是因为坚持。爱迪生在发明电灯的时候，为了选择合适的材料作为灯丝使用，尝试了1000多种材料，进行了7000多次实验，最终才找到当时最合适的材料用作灯丝，为整个世界带来光明。有一次，实验失败，就连助理都感到沮丧，爱迪生却说：“没关系，至少通过这次实验，我们知道了哪种材料是不适合用作灯丝的。”正是在这样的顽强信念下，爱迪生始终坚持进行实验。在没有真正获得成功之前，不管此前付出了多少辛苦的努力，一旦放弃，我们就无法踩着失败的阶梯继续前进，也就会彻底与成功绝缘。为此，要想获得真正的成功，我们一定要坚持不懈，努力奋进，也要顽强不屈，这样才能在成长的道路上不断地进取，也才能踏遍失败的荆棘，勇敢无畏地努力向前，最终距离成功越来越近。

在好莱坞影视圈里，著名的硬汉有几个，诸如施瓦辛格、史泰龙、李连杰等。他们之所以能够成为了不起的巨星，驰骋影坛那么多年，与他们的付出和努力是密不可分的。李连杰小时候家里很贫穷，为此他小小年纪就进入武术学校学习，为了节省搭乘公交车的钱，他经常跑步去学校上学。后来，他发现跑步上学很容易磨损鞋子，还有一段时间竟然赤着脚跑步去上学。

史泰龙从小出生在贫民窟里，生存环境非常恶劣，为了改变自己的命运，他决定成为一名演员。为此，他去好莱坞打杂，却在很长的时间里连跑龙套的机会都没有得到，为此他决定写剧本，这样就可以要求主演剧本。他呕心沥血、废寝忘食地创作剧本，然后一家一家拜访电影公司。在当时，好莱坞有500家电影公司，而史泰龙带着剧本整整三次挨家挨户拜访这些电影公司，拜访到第四轮，拜访了1000多次，他才打动了一位导演，得到了尝试出演剧本的机会。正是在这次尝试出演的时候，史泰龙一举成名，得到了很多导演的关注，后来一步一个脚印努力发展，才成为国际影星。

很多人都羡慕明星的光鲜亮丽和风光无限，实际上，每一个明星在成名之前，都曾有过一段沉寂的岁月，都曾有过不为人知的苦苦坚持。正是因为不管在怎样的境遇中都满怀希望，都始终咬紧牙关努力坚持，他们才能在成长的道路上熬到柳暗花明，守得云开见月明。生命从来都不容易，总是有各种困境，也总会遭遇重重磨难。就像很多好莱坞大片中主角的演绎一样，不到最后一刻，决不放弃，唯有具备这样的人生精神，我们才能突破人生的重重困境，在人生的境遇中成就自我，创造自我。

记住，天上不会掉馅饼，每一个人都是自己成功的缔造者。在追求成功的道路上，不管遇到怎样的艰难坎坷，不管遭遇怎样的人生困境，我们都必须咬紧牙关熬过去，这样才能在不断成长的过程中变得更加强大，成为真正的人生强者，也以更快的速度在人生历程中走向成功的终点，让自己无所畏惧，勇往直前，最终到达巅峰。

第04章

不愿意苦一阵子，很可能会苦一辈子

古人云：“少壮不努力，老大徒伤悲。”这句话告诉我们，一个人如果不在年轻的时候努力拼搏与奋斗，在长大成人之后，尤其等到年纪老了，体力衰退了，则很有可能因为没有奠定人生坚实的基础，导致在人生暮年还要为生存而奔波操劳，可想而知晚景凄凉。俗话说，甘蔗没有两头甜，人生不可能始终处于安逸享受的状态，要想在人生暮年有好生活，就一定要先苦后甜，在年轻的时候尽全力去奋斗，为人生的未来奠定良好坚实的基础。

真正的聪明人都在下苦功夫

现实生活中，很多人自以为聪明，为此他们不愿意付出更多的努力，而误以为只要凭着聪明，就可以让自己有更好的成长和更出色的表现。殊不知，就连杰出的科学家爱因斯坦都曾说过，所谓天才，就是付出99%的努力再加上1%的灵感。当然，灵感就像是中药的药引子，虽然所占有的比例很少，却起到了至关重要的作用。但是，只有灵感作为药引子，却不曾付出99%的努力，是不可能真正获得成功的。大文豪鲁迅先生也曾说过："这个世界上哪里有天才，我只是把别人喝咖啡的时间用于写作而已！"原来鲁迅先生以笔为枪进行战斗，是建立在笔耕不辍的基础之上的。

如今的社会上，很多人变得浮躁，他们误以为别人的成功都是因为有贵人相助，或者有权势和背景可以依赖，殊不知，别人之所以能够获得成功，不管借助了怎样的外力，他们自身也是非常勤奋和刻苦的。否则，仅仅依靠外部的力量，是根本不可能获得成功的，也是根本不可能突破和超越自我的。近些年来，总有些人宣扬努力无用论，这无异于是心灵的毒鸡汤，也使得原本崇尚努力的人不愿意继续努力。殊不知，努力了未必有回报，如果不努力，则注定没有任何回报，也彻底失去了成功的机会。所以正如前文所说的，努力总是有意义的，否则哪怕是再有天赋的人，也会因为消极和懈怠而导致自己距离成功越来越远。

作为名牌高校毕业的高才生，夏旭的学历比大多数老同事都高，在新同事之间也是佼佼者，为此他觉得自己哪怕不努力，依然可以出类拔萃，占据优势。在这样的心态影响下，夏旭面对所有的工作都是三心二意的，虽然把每一项工作也都完成了，但是并没有做到尽善尽美。

和夏旭同期进入公司的朱力却不同。朱力毕业于一所普通的院校，面试过五关斩六将，好不容易才战胜竞争者进入这家心仪已久的公司，为此他对于工作十二分认真，哪怕面对很不起眼的工作任务，也从来不敢懈怠，总是全力以赴做到最好。除了认真对待工作之外，朱力知道自己的文凭很普通，并不占据优势，为此还利用工作之余的时间报名参加培训班，提升自己的英语能力，提升自己的计算机水平，以备工作中不时之需。有的时候，夏旭会嘲笑朱力太认真、太辛苦，朱力总是说："我不够聪明，没有名牌院校毕业的背景，只能努力。"几年的时间过去了，朱力考取了英语八级证书，而且自学了商务英语。有一次，老总因为要接待国外的客户，临时找不到可用的精通商务英语的翻译，这个时候朱力自告奋勇、毛遂自荐。虽然老总很怀疑朱力的能力，但是又没有其他合适的人选，只好同意。结果，朱力的表现让老板大吃一惊，这次任务结束之后，老板当即提拔朱力为自己的高级助理兼翻译，朱力不但职位得到提升，薪水也翻了好几番。对于朱力的好运气，夏旭愤愤不平，但是他对于工作漫不经心的态度，注定了他在工作上很难有更大的进步和发展。

如今的职场上有一个矛盾的现象：一方面是作为求职者找不到心仪的工作；另一方面是作为用人单位无法找到合适的人才。这样的矛盾之所以出现，只能说所谓的人才距离用人单位的用人要求还有差距。也有很多年轻人在工作岗位上因为缺乏出色的表现，而导致职业发展陷入困境，无法取得更好的成长和更大的进步。

要想在众多的人才之中脱颖而出，真正重要的就是努力。在大学教育如此普及的今天，学历充其量只是一块敲门砖而已，而不能代表一个人真正的能力和水平，更重要的在于，我们要在工作的过程中不断地提升自己的水平，增强自身的能力，这样才能在需要的时候，有的放矢发挥自己的真才实学，也让自己的能力获得更好的成长和更大的进步空间。任何时候，成功都不会从天而降，当那些比你更聪明、更有天赋的人都在努力进取的时候，你有什么资本懈怠呢？只有全力以赴经营好属于自己的人生，只有不断地努力进取，让自己获得更大的人生舞台和进步空间，我们才能蜕变，也才能在人生旅程中华丽转身和成功逆袭。

这个世界上聪明人很多，但是能在聪明中脱颖而出获得成功的人却很少，就是因为他们只顾着聪明，而忽略了努力的重要性，也有可能因为他们自诩聪明才不够坚持。当然，当他们犯下这样的错误或者走入这样的误区，也就证明了他们的聪明只是假装聪明，只是伪聪明，因为真正的聪明人都在下苦功夫，都在遇到艰难坎坷的境遇时坚持不懈地努力和付出，不到最后关头绝不轻易放弃。

态度决定人生的高度

有人说性格决定命运，实际上，人生的态度也决定了人生的高度。小学期间，老师每当看到孩子们考试成绩不好，或者上课不认真听讲的时候，就总是强调态度，那个时候，孩子们对于态度是何物总是很懵懂，因为态度既看不见也摸不着，是形而上的，超出了孩子们的理解能力。随着孩子们一天天长大，结束了在学校里的学习，步入了社会，在工作中，也常常被上司、老板强调态度。这个时候，作为一个成年人，不得不认真反省自己的态度，也必须深入了解态度为何物。尤其是态度不但影响学习、工作，还决定人生高度，也会对人生产生更加积极的作用和影响力，态度就变得更加玄妙。在这种情况下，我们要想在人生中成长和发展，要想收获人生的充实与美好，就一定要有态度。

不可否认，态度对于人生的确是至关重要的，一个人犯错误，可以是因为不会或者不懂，但是最好不要因为态度问题，否则就会被其他人批评和指责。而且作为犯错的当事人如果因为态度问题而出错，往往无法为自己辩解，而应该深刻自责，反思自身。态度问题是不被原谅的，这是因为采取怎样的态度往往不会受到外界的影响，而是由自身的主观因素决定的。既然态度是自身可以决定和掌控的，那么当态度出现问题时，总是被批判和否定也就情有可原了。

我们一定要端正对于人生的态度，做到积极主动地面对人生，也要做到在遭遇人生困惑的时候挺直脊梁，绝不轻易懈怠。唯有如此，我们才能在人生的道路上更加坚定不移地前行，超越人生的一切困境，克服人生的所有困难，始终坚定不移，勇往直前，始终努力向前，无所畏惧。这样的人生才是昂扬向上的，也才是更加无所畏惧的。

在美国标准石油公司里，阿基波特曾经只是一个名不见经传的小职员。但是，他对于自己的工作非常热爱，不管是外出去商场消费，还是去远的地方住宿在旅馆里，甚至包括给亲朋好友写信，以及签收信用卡账单，他都会在自己的签名之下写上“标准石油每桶四美元”。渐渐地，同事们知道了他的这个习惯，大家都称呼他为“四美元”，反而把他的真名渐渐地忽略了。

这样过去几年之后，董事长洛克菲勒先生来到公司基层视察，听到大家都称呼阿基波特为“四美元”，不由得感到非常纳闷，因此问起这件事情。在得知阿基波特这个外号的由来之后，董事长非常感兴趣，当即派人邀请阿基波特共进晚餐。在愉快的晚餐过程中，董事长问阿基波特：“你为何要坚持在签名之后写上这样一行字呢？要知道，你签名的时候已经到了工作时间之外，你是没有义务为公司宣传的。”阿基波特笑着说：“这只是举手之劳，并没有占用我太多的时间，而且即便到了工作时间之外，我依然是公司的一员，只有公司发展壮大，我才有好的前程。我何乐而不为呢？”听了阿基波特这番话，董事长情不自禁对阿基波特竖起大拇指，从此之后，董事长开始有意识地栽培阿基波特。等到退休的时候，董事长没有把职位传给儿子，而是传给了阿基波特，而阿基波特呢，也没有辜负董事长的期望，带领着石油公司更加发展壮大。

看到这里也许有人会说，谁都可以在签名后面为公司做宣传。的确如此，如果人人都知道在签名后面为公司做宣传可以当董事长，那么相信他们一定会争先恐后去做。但事实却是，阿基波特在坚持为公司宣传的时候并不知道自己会因此而引起董事长的关注，也不知道自己有朝一日会因此而坐上董事长的位置，他只是作为公司的一分子竭尽所能去做对公司有益的事情，真正把自己当成公司的主人翁。而且在阿基波特这么做的时候，并没有人和他一起坚持这样去做，这就表现出阿基波特的与众不同。董事长之所以因此而赏识阿基波特，是因为他看到了阿基波特对于工作的态度，被阿基波特所打动。

对于任何事情，当我们和阿基波特对待工作的态度一样，我们就可以把小事做好，也可以把每一件事情做得更加成功。为此，我们要坚持有态度，不管是对于学习还是工作，抑或生活，当态度到位，我们的人生就会有不一样的成长和发展，也会有更高的高度。

常言道，心若改变，世界也随之改变。对于我们来说，态度改变，人生也就随之改变。能够让人生真正发生改变的到底是什么呢？有人觉得是外部的机缘巧合，有人觉得是得到了贵人相助，也有人觉得是因为生命的历程有了巨大的转折，而实际上，真正的机缘巧合来自人们的态度。不管对于什么事情，当态度改变了，人生就会发生改变，未来也会随着改变。从此时此刻开始，就让我们马上改变吧，当我们拥有了该有的态度，当我们可以以自身的驱动力推动自己努力向前，我们就可以成为命运的主宰，也可以真正地掌控人生。

只有实力没有努力也是不行的

前文说过，一个人只有聪明是远远不够的，还要努力勤奋，甘于下苦功夫，才能在人生的道路上不断地积累，坚持前行，也才能在人生中遭遇各种艰难境遇的时候努力前行，无所畏惧地前进。但是，当一个人只有实力，而从来不愿意努力，更不愿意在生命的历程中坚持付出，则他一定会距离成功越来越远，甚至连好运气都得不到。正如人们常说的，越努力越幸运，大多数成功者看似是因为幸运才得到了成功的契机，才得到了扭转人生的机会，而实际上他们在幸运背后付出了艰苦卓绝的努力，也始终在坚持不懈地进取，最终才能得到好机会的青睐，也才能真正当机立断地抓住好机会，创造自己与众不同的人生。

人生中的成功从来不是从天而降的，尤其在当今的时代，分工越来越清晰，合作越来越密切，已经不再是个人英雄主义的时代，也就注定了每个人要想获得成功，就必须把自己融入团队之中，成为团队的一分子，这样才能起到1+1＞2的作用和效果。当然，在把自己融入团队中借力之前，我们首先要做的是坚持以实力为自己代言，坚持以努力打开人生的广阔天地，这样才能全力以赴经营好人生。

只有实力，却不努力，对于想要获得成功的人而言，是远远不够的。古人云，天时地利人和，就是告诉我们要想把一件事情做成，需要各个方面的因素都达成和具备，而实际上现代社会的成功条件更多更复杂，而且必须面面俱到。只有实力，并不意味着一定能够获得成功，如果只有实力而不愿意去努力，最终只会导致一切都徒劳无功，成为镜中花、水中月，无法触摸和把握。真正明智的人，会激发自身的所有力量，也会让自己在成长的过程中不断地坚持进步，努力崛起，从而进入更好的人生状态，获得更加理想的未来。

大学毕业后，卓玛就进入一家每个同学都心仪的世界五百强公司工作。当初收到这家公司的聘用通知时，卓玛得到了全班同学的羡慕，甚至在全年级的毕业生中都成了羡慕对象。为此，卓玛沾沾自喜，觉得自己是有能力也有才华的，才会过五关斩六将进入心仪的公司。然而，才进入公司一个月，卓玛就怨声载道，甚至觉得自己无法坚持下去。原来，世界五百强企业虽然薪水高，待遇高，平台大，但是工作的强度也是常人难以想象的。从悠闲的大学生活一下子进入紧张忙碌的工作阶段，卓玛觉得自己所有的精力都要被榨干，每天都要加班，每天最大的感觉就是困倦，甚至下班搭乘公交车回家的路上，站在摇晃的车厢里也能睡着。

如此坚持了一个月之后，卓玛萌生退意：像我这样的菜鸟，是不是应该找一个小公司先试试水，这么强大的公司我真的HOLD不住。闺密看到卓玛的朋友圈，第一时间给卓玛打来电话："现在都是一个萝卜一个坑，去小公司照样累，还没前途，你可别犯糊涂，谁不是从这个阶段走过来的呢，熬一熬就好了。"对于闺密的安慰，卓玛不以为然，还觉得闺密只是为了安慰她才这么说的。又过了半个月，卓玛果然辞职了，这让上司也很惊讶，因为卓玛的能力是很强的。上司挽留卓玛，卓玛却以一句"是金子去哪里都会发光的"为由，拒绝了上司的挽留。而和卓玛同时进入公司的丹妮，本身的资质没有卓玛好，人也没有卓玛聪慧，但是不管多么辛苦，都在坚持，哪怕困倦得中午不吃饭都想睡觉，累得丝毫没有胃口，但她却总是告诉自己“真金不怕火来炼”，就这样，她的能力越来越强，最终居然成功地留在公司。

几年的时间过去，卓玛还是在小公司混日子，虽然她实力很强，但是小公司就是个小池塘，让她没有龙门可以跃过去。看着曾经不如自己的丹妮如今风生水起，而自己却灰头土脸，卓玛这才后悔自己当初轻易放弃了千载难逢的好机会，而如今再想进入原来的公司显然不可能，她在小公司里的几年时间中又没有出色的成绩拿得出手，而刚毕业时的各种优势对于不是应届毕业生的她而言已经不复存在。她深深地叹了口气。

一个人如果只有梦想，却不愿意努力付诸行动去实现梦想，那么所谓的梦想就不再是人生的指引，而变成了毫无意义的幻想和空想。一个人即使有实力，如果始终不发挥自身的实力去努力拼搏和奋斗，那么这样的实力就会大打折扣，甚至无法对人生起到该有的助力。常言道，事在人为，这句话告诉我们做任何事情要想获得成功，最重要的是要采取正确的态度，而后在态度的指引下当机立断展开行动。

笨鸟先飞，若一个人的天资不是最聪颖的，只要他能够积极主动地奋斗和进取，就可以在人生的道路上不断地努力前进，无所畏惧地前行，也能够全力以赴奔向属于自己的人生。勤能补拙是良训，一分辛苦一分才。江郎才尽，就是因为缺乏努力，这样一来，再多的才华也会在虚无的等待中消耗殆尽，再强大的能力也会在缺乏锻炼的情况下不断地萎缩和消逝。要想让人生出彩，不管天赋如何，实力如何，努力都是必需的。

对于努力的人，人生无小事

很多人误以为决定人生走向的是那些了不起的大事情或者是重大的转折点，实际上，真正决定人生走向的，未必都是那些大事情，也有可能是不起眼的细节或者小事情。一个人若想凭着努力获得成功，就不要总是关注那些大事，也要更加关注人生中的小事情和容易被疏忽的细节。只有把这些小事和细节做好，人生中的很多事情才能得到妥善处理和解决，也才能在周密的背景下获得更好的成长和长足的进步。

一个人要想获得成功，要想以努力改变命运，就不要眼高手低，更不要只顾盯着人生中重要的事情去看。人生是没有小事情的，每一个大的成功背后，都隐藏着无数完美的细节，也隐藏着很重要的、不容忽视的小事情。在这个世界上固然没有绝对的完美，也没有十全十美，但是我们却要竭尽所能把每一件小事情做到更好，这样才能有的放矢面对人生，也才能让人生面面俱到，滴水不漏。努力还远远不够，只有让努力成为人生向上的助力，只有让努力在人生的历程中成为不可取代的重要力量，也作为人生脊梁的支撑，努力对于人生才会产生积极的影响和强大的作用力。人生无小事，正如古人所说，一屋不扫何以扫天下？在历史上，因为细节的疏忽而导致失败的案例并不罕见。

1485年，英国国王理查三世在位，当时时局动荡，里奇蒙德伯爵亨利率领军队企图推翻理查三世的统治，理查三世为了捍卫王权，决定和亨利决一死战。很快，他们就要展开最后的战斗，这场战斗的输赢将决定理查三世能否继续统治英国。到了战争打响的日子，当天早晨，理查命令马夫把他最强壮的战马从马厩里牵出来。

马夫当然知道这次战斗非同寻常，为此牵着战马去了铁匠铺，叮嘱铁匠："国王要骑着这匹马一马当先，率先冲锋，你要为它钉好马蹄铁。"铁匠说："马蹄铁不够用了，最近几乎所有的战马都来钉马蹄铁了。你稍等片刻，我要找合适的铁片。"马夫催促道："赶紧的，赶紧的，国王在等着呢！敌人马上就会打上来，国王要给全体将士作出表率，先冲锋！你看看你手边有什么能用的。"铁匠马上找到一块铁，做好了四块马蹄铁。他对待工作一丝不苟，非常认真，但是在钉完三个马蹄铁之后，他发现钉子没了。他对马夫说："还要等一下，我要制作两个钉子！"马夫迫不及待："军号已经吹响了，你难道让国王跑着当先锋吗？你能不能赶紧找其他的钉子凑合用下？"铁匠说："我有稍微短一些的钉子，可以钉上，但是我担心可能没有那么牢固！”马夫说：“就用短一些的钉子吧，战争很快就会结束！”

铁匠有些犹豫，马夫心急如焚：“你还在等什么，耽误了冲锋，咱们都要掉脑袋！”铁匠赶紧用略微短一些的钉子把第四个马蹄钉上。理查骑着战马在战场上以一当十，骁勇杀敌，当冲锋的军号吹响，他果然一马当先，冲锋在前。然而，冲锋到一半的时候，第四个马蹄铁因为不够牢固而脱落，战马摔倒，理查也从马背上摔到很远的地方，受了严重的伤。看到国王性命堪忧，全体将士马上军心涣散，正在此时，亨利带着军队反扑上来，获得了胜利。

理查三世的失败就像是一场戏剧，在如此残酷、不是你死就是我活的战场上，谁能想到他因为一匹马而失去了胜利的机会，丢失了整个国家呢？从此之后，人们经常说：“失去一颗马蹄钉，丢掉一块马蹄铁；丢掉一块马蹄铁，摔了一匹战马；摔了一匹战马，折了一位国王；折了一位国王，输掉一场战争；输掉一场战争，毁灭一个帝国。”很多事情之间拥有着千丝万缕的联系，相信马夫在催促铁匠赶紧找短钉子钉上第四块马蹄铁的时候，一定不曾想到自己会因此变成亡国奴。否则，不管是铁匠还是马夫，一定会把第四块马蹄铁找长钉子牢固钉好。也因为这场战争的失败，整个欧洲乃至整个世界的历史都被改写。

人生之中，人人都渴望获得巨大的成功，那么就要做好每一件小事情，一定不要因此而轻易地懈怠，也不要因此而导致人生变得被动。不要小看小事情，只有把小事情做好，我们才做好大事情，反之，如果连小事情都不能做好，我们又如何能做好大事情呢？在真正努力的人眼中，每一件事情都至关重要，人生就像是一架精密复杂、运行良好的机器，哪怕是失去一颗螺丝钉，也会导致机器停止运转，后果当然是非常严重的。

在美国，气象学家罗伦兹曾经提出蝴蝶效应，大概意思是说在南美洲亚马孙河附近的热带丛林中，当一只蝴蝶偶尔扇动翅膀的时候，就会引起气流的变化，最终这股气流很有可能在经过两个星期的连锁反应之后，在美国得克萨斯州掀起一股具有强大杀伤力和破坏力，而且使人感到恐惧的龙卷风。听起来这简直让人匪夷所思，一只蝴蝶那么弱小，它的力量几乎可以忽略不计，为何在它扇动翅膀之后居然会引起龙卷风呢？然而，科学家们经过论证，最终证实了罗伦兹的理论是站得住脚的，是有科学依据的。在这个世界上，有万事万物，在各种事物之间，有着千丝万缕甚至不为人知的联系。为此，不要觉得很多事情都是孤立地存在，更不要小瞧那些原本就与事情的发展密切相关的细节问题。只有把细节做到尽善尽美，才有可能成就更大的完美，只有把小事情做得更好更成功，人生才会获得成功。

贪图安逸的人不配有梦想

在看了电影《冈仁波齐》之后，我们为信仰的力量感到震撼，看到那么多人在朝拜的路上风餐露宿，但是他们的内心却是安宁平和的。年迈的老人在朝拜的路上死去，内心安宁，表情平和。年轻人在朝拜的路上也吃了很多苦，但是他们从不抱怨，而是一心向着梦想中的圣地进发。为了梦想，为了信念，每个人都付出艰苦卓绝的努力。我们要想获得成功，就要对于成功也有朝拜的精神和顽强不屈的毅力，这样才能排除万难，朝着人生的目标进发，也朝着心中的圣地努力前进。

在《西游记》中，唐僧为了取经吃尽千难万苦，而在真实的历史中，玄奘东渡去日本取经也历经艰难。即便在如今的时代里，也有苦行僧终日修行，戒掉对人生的贪念，而降低自己的欲望，修炼自己的内心，从而获得内心的安静和满足。我们不是苦行僧，也没有那么高的修为，但是在人生的道路上要想获得成功，还是要不断地努力前行，以肉体的磨难作为精神的超脱，从而让人生拥有更多的契机，也拥有更多的成长和进步。想明白这个道理，就不要再因为人生疾苦而抱怨，只有不断地努力进取，只有坚持前行，才能距离梦想越来越近。如果总是贪图安逸舒适，总是贪恋享受，那就只会距离梦想越来越远，根本不可能让自己靠近梦想，实现梦想。如果总是沉迷于安逸，总是不能鼓起所有的信心和勇气在人生的道路上前行，其代价就是付出梦想，让梦想变成空想，再也没有任何实现的可能。

自从大学毕业后，原本成绩优异的若彤就嫁给了爱情，和青梅竹马的恋人结了婚，紧接着就是怀孕生子。偶尔同学们见面，也有好闺密劝说若彤要出来工作，若彤总是不以为然地说："女人就要靠着结婚改变命运，工作不是最重要的，像我现在在家里带孩子做家务多好，还没有职场上的尔虞我诈。"也有的女生羡慕若彤的生活，觉得若彤嫁得好，不用辛苦在职场上打拼，可以当全职富太太，这简直就是大多数女孩至高无上的梦想啊！

然而，几年之后，经常在朋友圈里晒旅游、晒娃娃、晒各种节日的若彤，突然间销声匿迹了。后来，朋友们才得知若彤离婚了。正当大家都为沉寂的若彤担忧的时候，若彤的朋友圈里突然充斥着各种代购信息，有知道内情的朋友说若彤不得不挣钱养活孩子。在孩子上了小学之后，若彤艰难地实现了转型，从一个全职妈妈变成了一个职场女性。可想而知，大学毕业后已经与社会脱节多年的若彤，转型多么困难，她付出了多少艰辛和努力，才能够适应快节奏的生活，适应竞争激烈的职场。偶然有机会遇到若彤，同学们惊讶地发现若彤就像变了一个人似的，精明强干。看着若彤这么辛苦地在职场打拼，有人问若彤是否习惯，若彤说："不习惯也要习惯，前些年我丢失了梦想，以为会得到永久的安逸，现在才发现真正的安全感只能自己给自己，自己强大才是王道。"

作为年轻人，不要贪图人生安逸，否则就会迷失梦想，也迷失人生。当人生长期处于止步不前的状态，可想而知必然后退，也必然会导致我们的无限落后。在人生道路上，任何时候，我们都要努力经营好人生，也要做到全力以赴，这样才能朝着人生的未来迈步，坚持进步。很多时候，我们的人生有太多的无奈和无解的难题，如果一味地沉沦，只会导致在人生中陷入更加绝望的深渊。

一个人，如果心中有希望，有奋斗的欲望，就不会始终沉迷于安逸，也才能够越来越接近梦想。如果人生总是在现实中沉迷，也总是在无奈中挣扎，就如同深陷泥沼一般无法自拔。很久以前有一首歌的名字叫《我想去桂林》。大概的意思是说一个年轻人想去桂林，有时间的时候没有钱，有钱的时候却又没了时间。人生总是充满这样的矛盾，也时常会让我们感到无奈。不管在怎样的人生阶段，追求梦想从来不是一件简单容易的事情，很多人都会抱怨自己与梦想渐行渐远，即使努力也无法真正接近梦想，实际上，远大的梦想总是与人生若即若离，我们必须足够努力足够坚持，才能渐渐地接近梦想。不要因为梦想太远大，实现梦想的难度太大，就对梦想感到无奈，或者对生活缴械投降。实现梦想的道路固然艰难，但是这些都不是我们放弃梦想的借口，更不是我们贪图安逸的理由。生命不息，折腾不止，每一个人只要活着，就要不懈前行，就要努力奋进，就要全力以赴，争取收获更加充实精彩的人生。

第 05 章

熬过去，你就是救赎自己的英雄

每个人都会有一段一场难熬的时光，当对着这段时光缴械投降，就会成为命运的俘虏，而只有坚强地熬过这段艰难的时光，才能真正地救赎自己，成为自己的英雄。很多时候，我们看着别人的人生光鲜亮丽，却不知道别人在背后也曾默默努力，也曾熬过艰难的时刻，也曾不忘初心，砥砺前行，甚至把自己逼到人生的悬崖。为此，不要盲目羡慕别人，生命的时光是宝贵的，与其浪费时光去羡慕嫉妒恨，不如释放自己的心灵，让自己更加努力前行，无所畏惧行走人生的道路。

在悲剧中成就英雄的人生

有人说人生是一场悲剧，诸如哈姆雷特的悲剧人生；也有人说人生是一场喜剧，而每个人都是生命历程中的小丑角色。实际上，不管是悲剧的人生还是喜剧的人生，我们既然活着就无处可逃，就要在各种剧情中扮演好自己的角色。当然，人生的戏剧并非永不改变，随着剧情的发展，悲剧和喜剧也有可能相互转化，为此我们要在人生历程中更加砥砺前行，更加无所畏惧地奋斗和拼搏，这样才能把握命运的脉搏，也才能让悲剧转化为喜剧。当然，每个人的承受能力都是不同的，很多真正坚强的人在面对人生悲剧的时候，可以振奋精神，让自己变得更加强大，也有人在面对人生悲剧的时候，会马上缴械投降，彻底沦为命运的俘虏。而究竟以怎样的态度面对人生，取决于每个人的心态和性格，也取决于每个人与人生博弈的决心和气魄。

趋利避害是人的本能，没有人愿意在生命之中遭遇坎坷、困境和各种各样的磨难与打击，他们更愿意人生的境遇顺遂，也更希望人生可以有与众不同的精彩呈现。然而，这个世界是唯物的，不是唯心的，心若改变，世界尽管可以改变，但是更多的时候，心改变了，一切并不会如我们所愿地改变。为此我们要做的就是超越人生的困境，让自己鼓起所有的信心和勇气，让自己始终努力无所畏惧地向前。遗憾的是，现实生活中，很多人对于生活中的困难都没有采取正确的态度，他们面对苦难常常感到自卑，也经常会因为畏惧和退缩而失去对于人生的坚持和渴望。其实，人生总会有很多阴影，而苦难就是阴影，即使置身于阴影之中，我们也要心向着太阳，也要不断地向前，活出自己的精彩人生。曾经有名人说，挫折是人生的试金石，苦难是人生的学校，而实际上在悲剧式的人生中，更容易创造出生命的辉煌，也成为自己的英雄。当然，前提是对人生不抛弃、不放弃，要在人生的历程中顶风冒雨前行，踩着泥泞也要坚持到底，奋斗到底。

在古代社会，有些朝代的帝王统治残暴，最终导致民不聊生，为此人民就会奋起反抗。诸如在秦朝末年，在秦王的残暴统治下，很多百姓都无法生存下去，因此各个地方都涌现出起义军。陈胜和吴广被官兵押解赶往服役的地方，因为各种原因而导致行程延误，即将面临砍头的处罚。他们想到横竖都是一死，与其被处死，还不如努力反抗秦朝的暴政，说不定还会有活路呢！正是在这种心态下，他们看准时机揭竿起义，成为一支力量强大的抗秦队伍。当然，作为老百姓都希望能够安居乐业，人人都享受美好的生活。然而，即便在和平年代里，每个人的人生都不会始终是平静的海面，而很有可能暗流涌动，或者海浪滔天。只要活着，总是要面对，与其被动地面对，不如主动面对，与其心情跌宕起伏，导致自己慌了神，不如自己努力进取，从而更加全力以赴经营好人生，即使失败了也无怨无悔。

尤其是对于年轻人而言，苦难更是一所好学校，从这所学校里毕业的人，对于人生有着更加深刻的感悟，也有着更加强大的内心和坚强的承受力。尤其是在现代社会，很多人在人生道路上都会感到迷惘和困惑。不如先主动在艰苦的环境中淬炼自己，只有在经历风雨之后，人生才会有绚烂的绽放和精彩的未来。也有一些年轻人从小就在父母的娇生惯养下长大，已经习惯了衣来伸手，饭来张口，也习惯了自己提出的所有要求都被父母答应和满足。渐渐地，他们就会变得更加依赖父母，内心也会很脆弱，根本不能承受压力，承受挫折。实际上，这样的成长过程对于年轻人而言绝没有好处，因为人生从来不会一帆风顺，任何人都要遭受人生的挫折和磨难，都要被人生考验。既然注定逃避不了，为何不坦然面对和从容承受呢?

古今中外，乱世出英雄，很多伟大的人物都是在时局动荡的年代里才凸显出来的。现今，我们幸运地生活在和平年代，那么对于人生中的各种艰难处境，我们要鼓起信心和勇气面对，纵然不能成为时代的英雄，也要成为自己的英雄。

自然界始终都秉承着物竞天择的原则。弱肉强食、优胜劣汰，是自然界里最常见的法则。人类社会同样如此，时代在不断地更替，社会在以迅雷不及掩耳之势向前发展，任何时候，我们都要打起精神，才能持续地进取，才能不断地突破和成就自我，才能朝着人生的道路持续迈进，无所畏惧。作为年轻人，在生命之初遭遇一些困难是正常的人生现象，等到熬过这些时刻，曾经的艰难和磨砺就会成为人生中的宝贵财富，也会成为见证我们成长和成熟的最权威发言者。人生之中，没有哪段过程是白白经历的，在生命的历程中，每个人都要坦然接纳命运赐予的一切，也要从容度过人生中的每一个阶段，这样才能持续地成长，最终成为人生真正的强者。

一切都会成为过往

有人说，时间是治愈伤痛最好的良药，不管一个人在人生之中曾经经历了什么，也不管一个人在命运的历程中曾经受到怎样的伤害，只要时间不断地向前流淌，让我们感到无力承受的一切终究会成为过往，即使是鲜血淋漓的伤口在时间流逝的过程中也会渐渐地结疤、愈合，尽管会留下疤痕，但是刺痛的感觉却渐渐消失，不再强烈。现实生活中，很多人都在无形中把自己想象得比较软弱，为此他们对于人生有很多的无奈和无力，然而实际上，每个人都比自己想象中更加坚强。当面对一个难题，人们以为自己无法解决，当面对一种困境，人们以为自己无法熬过去，实际上只要继续迎着每天的太阳睁开眼睛，迎接新一天的到来，人生就在努力向前，就在获得更多的成长和更好的未来。

既然一切都会过去，就不要感到抓狂，也不要感到无奈和悲催。在生命的历程中，我们要更加坚定不移，勇往直前，才能奋力向前，也才能让那些自己不愿意接受的一切都变成人生的过往，从而迎来人生的崭新和美好。正如人们常说的，天无绝人之路，在生命的历程中，只要心中有希望，脚下就有路，人生就不会绝望。鲁迅先生说过，世界上本没有路，走的人多了，也便成了路。既然如此，当脚下无路可走的时候，恰恰意味着我们有很多条路可以走，因为不管我们去往何方，我们走过的地方就是路。

人生也没有迈不过去的坎，无论多么艰难的处境，我们都要鼓起勇气，充满信心去面对。唯有如此，我们才能更加有的放矢，也才能无所畏惧地向前。一年有四季的轮回，人生之中也有各种境遇的交替和流转。春有百花冬有雪，夏有凉风秋有月，只要心怀希望，只要永不放弃，冬天已经来了，春天还会远吗？

从小，她的生活就很糟糕，不是因为她没有爸爸，也不是因为她没有妈妈，实际上，她的爸爸是医生，她的妈妈是工人，家境还算殷实。但她的爸爸是一个严重酗酒者，一个月的时间里有半个月都是醉醺醺的，甚至不省人事，有的时候还会把家里砸得乱七八糟。她从未从爸爸那里得到过安全感，每当看到其他孩子有了问题就找爸爸求助，她总是很羡慕。在外人看来，她有一个幸福的家庭，而实际上她的心从来没有依靠，就像是无根的浮萍一样始终漂浮着。

后来，爸爸疯狂迷恋上盖楼房，但是他这么多年来不争气，从来没有踏踏实实过日子，为此根本没有钱。经人介绍，她认识了一个离异的男人，这个男人是做生意的，虽然她并不喜欢也不讨厌这个男人，但是爸爸却极力撮合她与这个男人在一起，因为这个男人承诺借钱给爸爸盖楼房。为了投资，爸爸还把仅有的几万元钱借给这个男人使用，希望他在一两个月后还回来更多的钱。然而，这个男人却是个骗子，把家里的钱骗走之后就彻底消失，此后的几年时间里，爸爸都在抱怨她，经常喝醉了酒打骂她。她实在无法继续在家里待下去，仓促地把自己嫁给了一个网友，目的就是离开家。然而，因为缺乏了解，她很快就离婚了。有那么短暂的时间里，她想到了死。然而，她舍不得妈妈，她只能选择坚强地活着。她背起行囊去远方的城市打工，在挣到钱的第一时间里，就只留下很少的生活费，而把钱都寄回家还给爸爸。后来，她渐渐地在城市站稳脚跟，对爸爸不计前嫌，把爸爸和妈妈一起接到身边生活，还把弟弟也接到大城市。这个时候，爸爸才不再旧事重提，而实际上已经成熟的她知道，当年她还小，钱也是爸爸亲自借给那个男人的，损失的钱根本不关她的事情。但是，既然如今全家人生活都很好，她也不想旧事重提，只想这样安稳地过日子。如今的她成为全家人的主心骨，事业有成，生活顺遂，再也不是当年那个满心创伤、无处可去的女孩了。

人生中，随着时光的流逝，一切的伤痛都会烟消云散。为此，不管在生命的历程中遭遇了什么，也不管面对怎样的人生困境，我们都始终要满怀信心和希望。近些年来，也许是因为生活的压力太大，也许是因为每个人对于生命的欲望越来越强，很多人在对于人生感到无奈和困惑的时候，选择放逐自己，也有些人因为抑郁症的侵扰，选择了以自杀的方式结束生命。不得不说，这对于人生而言是非常糟糕的，也是绝对不可行的。在人生的道路上，我们一定要更加努力奋斗和进取，才能不断地成长和成熟起来，也才能真正以强者的姿态面对人生，以从容的人生境遇活出独属于自己的精彩和未来。

每个人在生命的历程中都会遭遇各种各样的伤痛，对于人生而言，有些伤痛可以承受，有些伤痛却是人生不能承受的沉重打击。然而，不管面对怎样的伤痛，只要活着，我们就要勇敢面对，只要活着，我们就要拼尽全力熬过去。每一个人都是赤条条来到这个世界上，对于这个世界发出的第一声呐喊就是哭泣，在人世间走过一遭之后，每一个人还会两手空空地离开这个世界。有的时候，纵然伤痛已经成为过去，再次回忆起来的时候，我们还是会感到满心悲伤。然而，人终究要从不可改变的历史中走出去，这样才能内心充满希望和力量地面对未来，也才能成功突破人生的困境，让生命进入理想的状态。

现实并不像你想象的那么美好或者糟糕

现实生活中，人人都想获得成功，然而，就像每个人都是这个世界上特立独行的生命个体一样，每个人对于成功的定义也是截然不同的。成功到底是什么呢？有人觉得赚取很多金钱是成功，有人觉得晋升更高的职位是成功，也有人希望人生波澜壮阔，还有人希望人生岁月静好，现世安稳。实际上，对成功如何定义是每个人的权利和自由。有人说人生是一场旅程，其实不如说人生是一次考试。在生命的答卷中，并没有统一的标准去判断分数，而每个人都有自己个性化的标准和答案。真正成功的人生，不是活成别人所期待的样子，而是活出独属于自己的精彩。

现实生活中，总有些人妄自尊大，觉得自己这么辛苦和努力获得了成功，就超越了身边的所有人，是他们看齐的标杆，也有些人恰恰相反，总是妄自菲薄，觉得自己不管做什么事情都无法做到最好，也无法让他人满意，为此常常会对自己否定和批评，也总是迷失在努力奋进的道路上。其实，我们无须盲目与他人比较，因为他人的人生理想和梦想不是我们的，他们对于成功的定义和标准也带有他们的独特色彩和个性化特征。在人生道路上前行，我们一定要有自己的目标和方向，也要有自己的主见，如果总是因为妄自菲薄而迷惘，总是因为妄自尊大而狂妄，最终并不能如愿以偿获得最好的结果。

人生，并不会如我们所愿始终顺遂如意，也不会像我们所惧怕的那样始终深陷于无法自拔的困境中。生活中的很多事情，都是需要我们不断努力才能获得成功的，而且需要我们坚持进取，无所畏惧地前行，才能超越各种艰难的处境。曾经有一位名人说，人生中既有好事情也有坏事情，生活就是好事情和坏事情的混合，而不会纯粹美好或者彻底糟糕。的确，这正是人生的常态，民间也有很多话表现了同样的观点，例如，三十年河东，三十年河西，就告诉我们事情总是处于发展变化之中，不会一成不变。

既然如此，当在人生中遭遇困厄的时候，不要盲目地悲观，更不要不假思索地放弃，只有端正思想和态度，坚持正确的认知，才能够熬过人生的狂风暴雨，迎来人生的雨过天晴。同样的道理，当人生中很顺利的时候，也不要盲目地沾沾自喜或者因为一时的顺境就狂妄自大，人生得意只是一时，有的时候因为狂妄甚至还会导致事情朝着相反的方向发展。为此，我们一定要更加努力前行，在生命的历程中不断地前进，持续地进步，才能更加有的放矢地面对人生，才能更加坚强地在人生中活出应有的姿态。

还记得爱因斯坦的三个小板凳吗？老师要求孩子们做一个手工艺品交上来，爱因斯坦交上去的小板凳让全班同学都哈哈大笑，老师也对小板凳很不满意。而当老师说起世界上再也没有比爱因斯坦的小板凳更糟糕的板凳时，爱因斯坦却拿出两个更糟糕的板凳，原来，他交给老师的板凳已经是很努力改良过的了。古往今来，很多伟大的人都不是天才，甚至他们无法做到均衡发展，在某些特定的学科方面表现非常糟糕。但是，他们发现了自己的特长，也挖掘出自己的优点，所以才能扬长避短、取长补短，也才能在成长的过程中不断地努力奋斗和崛起，最终让自己的优点和长处发扬光大，也促使自己作出了杰出的贡献。

作为伟大的哲学家和思想家，苏格拉底是一个很想得开的人，始终表现出乐观和宽容。一开始，苏格拉底和朋友们合住在阴暗潮湿的小房子里，环境很嘈杂，甚至无法静下心来思考。但是他每天都笑呵呵的，似乎对生活非常满足。有人问苏格拉底："你为何这么高兴呢？"苏格拉底说："和朋友们住在一起，随时都可以交流思想，探讨问题，当然高兴。"后来，朋友们一个个搬到更好的地方居住，那个阴暗潮湿的小房子里，只剩下苏格拉底独自居住，但是苏格拉底还是乐呵呵的。有人问苏格拉底："现在你的朋友们都搬走了，你独自居住，不感到寂寞吗？"苏格拉底说："虽然朋友们搬走了，但是我还有很多书籍为伴，它们会始终陪伴在我的身边。"

因为住在一层，房间里非常潮湿，而且光线很差，又有人对苏格拉底说："你住的地方终年不见阳光，你不觉得郁闷吗？"苏格拉底回答："住在一层，不需要爬楼，想出去遛弯一抬腿就出去了，很方便。"后来，因为有个住在顶楼的朋友家里有老人，不方便上下楼，为此苏格拉底主动和朋友交换房子，自己住到了顶楼。又有人问苏格拉底："你之前一直住在一楼，现在却要爬上顶楼，难道不觉得累吗？而且顶楼夏天那么热。"苏格拉底笑着说："住在一楼人来人往不安静，住在顶楼有顶楼的好处，邻居们进进出出不会打扰到我，多么好啊！我可以专心读书。"看到苏格拉底这么乐观，提问的人情不自禁对他竖起大拇指：“难怪你总是这么快乐，因为生活对于你从来都很美好。”

其实，不是生活对于苏格拉底很美好，而是因为苏格拉底用积极的心态面对生活，所以不管在生活中遭遇怎样的人生境遇，他始终都能从积极的方面看问题，也总是能让自己从有利的一方面进行思考。正如人们常说的，心若改变，世界也随之改变。一个人如果总是悲观绝望，那么对于人生中的很多境遇都会从消极的一面去看待，反之，一个人如果总是乐观，充满希望，那么对于人生的各种境遇，他们就会从积极的一面去看待和接受。这样一来，人生当然也会变得不同。

我们距离幸福的人生之间，也许只相差不太好也不是很糟糕的心态。人生之中，总是会遭遇各种各样的境遇，不管是面对顺境还是逆境，我们都要活出最美好的自己，这样才会不负此生，也才能在生命之中感受更多的幸福与满足。记住，你心中有太阳，你看到的世界就阳光普照；你心中阴雨连绵，你看到的世界就乌云遮蔽，阴雨连绵。

努力了才有可能收获

努力了就一定会有收获吗？当然不是。现实告诉我们，努力了未必有收获，但是不努力就肯定没有收获，这么说来，努力与收获之间不是正比例的关系，而只是在努力之后有可能得到收获而已。现实如此，你还愿意继续努力吗？有的人很豁达，觉得不努力也没有更好的选择，为此就会继续拼尽全力，从而让人生得到更多成功的可能性，也得到更多的收获。而有些人的心态则恰恰相反，他们一旦得知努力了也未必有收获，马上就会像一个泄了气的皮球一样，对于努力的积极性急速降低，对于如何在努力中不断地成长和奋进这件事情，产生了怀疑。实际上，大文豪巴尔扎克曾经对此作出解答，那就是挫折之于强者是人生的垫脚石，而之于弱者是人生的绊脚石。我们要当强者还是弱者呢？这当然是每个人都有权利作出选择的。

在人生的道路上，失败总是与成功相依相伴，也总是与成功不离不弃。甚至对于大多数人生而言，失败的次数一定会比成功更多。也正是因为在无数次失败的铺垫下，成功才会显得那么珍贵，也才会值得珍惜。但是也有很多人为了避免失败，彻底放弃努力，却不知道这样也就完全失去了成功的任何可能性。其实，太多的人都把失败想得太可怕，而没有意识到失败是人生的垫脚石，是成功之母。只有怀着积极的心态，在失败的过程中不断地努力崛起，我们才能在人生的道路上不断地积累宝贵的经验，反思教训，从而积累更加丰富的实战经验，越来越靠近成功。

只有不放弃、坚持到底的人，才能笑到最后，也只有不放弃、坚持到底的人，才能击退厄运，真正地获得成功。越是在面对艰难的处境时，我们越要鼓起信心和勇气，而不要总是畏手畏脚，甚至把自己禁锢起来不敢采取任何行动。不得不说，故步自封只会导致人生更加迷惘和困惑，也会使得人生面临更加艰难的处境。做人做事固然要未雨绸缪，在必要的时候也要有破釜沉舟的勇气，这样才能不断地努力向前，也才能在人生的道路上始终坚持前进，无所畏惧。

还有很多人一旦失败就备受打击，觉得自己再也没有成功的机会。殊不知，爱迪生发明电灯时，为了寻找合适的材料作为灯丝，失败了7000多次；肯德基老爷爷在推销炸鸡配方的时候，开着破旧的老爷车走遍了美国的餐馆，也被拒绝了1000多次；史泰龙为了成为演员，拿着自己创作的剧本拜访好莱坞的电影公司，把500家公司拜访到第4遍的时候，才遇到一个愿意给他机会的导演……这个世界上哪有轻易获得的成功，太多的人在成功的道路上总是倍感艰难，而只有真正坚持到最后的人，才能如愿以偿获得成功。

在古苏格兰，国王罗伯特在位期间国家经常会遭到周围部落的入侵，为此他始终都处在抵御外敌入侵的战斗过程中。尽管他率领将士们奋不顾身地抵抗，与侵略者决一死战，但是有一次侵略者的力量非常强大，他拼尽全力依然6次输给了侵略军。罗伯特在如此沉重的打击下感到非常无奈，甚至不知道应该如何面对，内心颓废沮丧，陷入无边的痛苦和黑暗之中。

有一天，罗伯特在与侵略者又一次激战失败之后，在一间茅草屋里休息。他再也不想思考国家即将遭受侵略的沉重问题，只想让自己的脑子能够得到片刻的轻松和休息。为此，他在茅草屋里走来走去，观察着周围的情况。正在此时，他看到一只蜘蛛在墙角织网。心浮气躁的罗伯特把网破坏，似乎在发泄心中的愤恨，让他惊讶的是，蜘蛛马上开始编织新的网，没有片刻犹豫和迟疑。就这样，罗伯特6次破坏蜘蛛的网，蜘蛛6次重新织网，等到蜘蛛第7次开始编织一张新的网时，罗伯特终于动了恻隐之心，没有继续残酷地破坏蜘蛛网。突然，他茅塞顿开："蜘蛛第7次开始织网才获得成功，我已经失败了6次，为何不能像这只蜘蛛一样顽强不屈呢？"想到这里，罗伯特马上集合军队，准备对侵略者发起第7次反击战。罗伯特满怀信心，告诉自己不能输给一只蜘蛛，这一次他终于击退了侵略者，获得了伟大的成功。

假如罗伯特在第6次失败之后彻底放弃继续努力，那么他就不会有第7次成功。很多时候，成功就在转角处，我们要做的就是坚持努力，而不是担心努力之后没有收获。因为成功自有天意，而是否能够获得成功，不应该作为我们衡量是否继续努力的标准。既然如此，我们就应该只求付出，不求回报，而且要拼尽全力做到最好。

退一步而言，失败并没有什么大不了的，每个人都无法保证自己始终获得成功，每个人都有可能遭遇失败。既然如此，就不要奢求一定获得成功，只要真正展开实际行动，哪怕在失败的过程中也可以收获经验，不断反思，从而为成功奠定基础。一个人并非生而强大，而是在经历失败的淬炼之后，才让自己的内心更加坚强，才让自己的人生有更好的发展和成长。记住，当你不会被失败打倒时，你的人生就会绽放与众不同的光彩和魅力！

黑夜给了我黑色的眼睛，我却用它来寻找光明

著名的诗人顾城说，黑夜给了我黑色的眼睛，我却用它来寻找光明。在人生的历程中，人人都会迎来光明，人人也都会遭遇黑暗。在光明的沐浴中，每个人都有欢快的心情和顺遂的人生，而在黑暗之中，心情难免会受到影响，郁郁寡欢，不知道如何做才能更好地在人生中崛起。如果你曾经有过迎接黎明到来的经历，你就会知道在黎明真正到来之前，夜色是很浓重的，甚至达到伸手不见五指的程度。然而，要想迎接黎明的到来，我们就必须忍受短暂的、无边无际的黑暗。哪怕过程很煎熬，哪怕坚持很困难，我们也必须努力做到最好。

人人都会做梦，有的时候梦境非常邪恶，会把人在梦中吓得四处逃窜，有的时候梦境会特别美妙，让人即使在睡梦之中也忍不住笑出声来，甚至还会从睡梦中笑醒。不管做怎样的梦，总有梦醒的那一刻。为此不管梦醒是邪恶还是美妙，都只是一夜的睡眠而已，无法真正地改变我们的人生，也不可能始终停留在我们的心灵深处。梦醒时分，或者是寒冷，或者是痛楚，卖火柴的小女孩还在梦中飞向了没有寒冷和饥饿的天国。

心理学家说，梦境是人的潜意识无限延伸到睡眠中才衍生出来的，的确如此，日有所思，夜有所梦，有些梦是在意识的影响下出现的，有些梦是在无意识的影响下出现的，与人的心理活动密切相关。要想让人生有更多美好的梦境，我们就要有积极的心态，而不要总是愁苦地面对人生，否则就会导致梦境也被氤氲上乌云，导致梦中也无法摆脱抑郁、焦虑、紧张等负面情绪。

海伦在出生的时候是一个非常健康可爱的女婴，也是父母的第一个孩子，为此父母对于她非常疼爱。然而，在19个月的时候，海伦患上严重的猩红热，因而陷入昏迷之中。她从几天几夜的昏迷中醒来时，失去了视觉和听力，也因此无法学习说话。一开始，年幼的海伦不知道自己和身边的人有什么不同，随着不断的成长，几岁之后，她渐渐意识到自己与他人不同，也因为缺乏与身边人交流的途径，她变得越来越暴躁和焦虑，常常无缘无故发脾气。这个时候，爸爸为海伦请来了一位家庭教师，让家庭教师教会海伦认字读书，也认识生活中的很多事物。

海伦是不幸的，也是幸运的。她的家庭教师莎莉文也曾有过险些双目失明的经历，因此她很理解海伦的感受，也找到合适的方法引导海伦认识生活中的各种事物，还教会了海伦读盲文。从此之后，海伦的世界变得开阔起来，她的学习能力很强，不但自学很多课程，而且最终还从大学里毕业。她成为一位作家和演讲家。她把自己的亲身经历讲给其他人听，鼓舞其他人一定要热爱生命，她还创作了《假如给我三天光明》，在这本书里，她表达了自己如果能够看到世界，将会抓紧三天的时间去做哪些有意义的事情。这本书被翻译成多种语言在世界各国销售，也鼓舞了很多人，激励了很多人。

一个人如果不曾有过在黑暗中生活的经历，就不会知道光明的可贵，很多人觉得自己看到世界上各种美丽的风景是理所当然的，却不知道有多少盲人在黑暗中摸索，艰难地生活。试想一下，在如今的电器工业时代里，如果突然断电一天一夜，生活会有怎样的改变，尤其是在夜晚降临的时候，时间又是多么难熬。然而，恰恰是因为有了类似的经历，我们才会更加珍惜电灯亮起的那一刻，也才会更加珍惜阳光的普照。因为在黑暗的衬托下，光明更加可贵。

然而，命运总是捉弄人，很多人从一出生就失去了视力，始终生活在黑暗的世界里。一个生理健康的人，在人生中遭遇困境的时候，尽管眼睛依然可以看到世界，但是内心却变得很迷惘和无助，漫无目的和方向，根本不可能真正地把握人生的方向，也不知道自己脚下的路到底要延伸到哪一个方向。在这种情况下，虽然目可以视，但是心的眼睛却是迷失的。毫无疑问，和心明眼亮的人生相比，这当然是非常糟糕的。在阳光的照耀下，人人都可以做到开心地笑，而在黑暗的境遇中，真正能够笑出来的人才是人生的强者。记住，每个人都是自己的神，都是自己的救赎者，不要被动等待外面的阳光射进自己的心灵，而要像最绚烂的向阳花那样，始终把心向着太阳的方向绽放，这样才能在人生中活得出彩！

第06章

当你决定面对困难时，问题就已经开始解决了

面对人生中的很多困难，我们都想要圆满解决，然而内心的胆怯使得我们情不自禁地想要退缩和放弃，这样逃避的态度，只会导致延误时机，也会导致问题变得更加复杂和难以解决。实际上，真正解决问题的第一步，就是直接面对困难，不逃避，不畏缩，当我们可以做到内心坦然平静地直面难题，就相当于已经开始着手解决问题了。

你真的每时每刻都准备好了吗

现实生活中，人人都想获得千载难逢的好机会，从而让自己在人生的历程中把握机会，创造美好的未来和人生。然而，机会的脑门上并没有写字，就像好人和坏人的脑门上没有写字，需要靠我们的火眼金睛去甄别一样。此外，机会在到来的时候从来不会预报，它就这样突如其来，也常常会毫无征兆地消失，所以要想抓住机会并不比抓住泥鳅更容易，我们必须时刻准备着，才能在机会突然到来的时候毫不迟疑地抓住它，并最大限度发挥机会的效用，让机会为我们的人生增光添彩。

总有人面对失去的机会感慨："哎呀，真是太可惜了，这个机会千载难逢，但是我却没有抓住！"不得不说，这样的感慨于事无补，因为机会一去不返，如果你因此始终沉迷于懊丧之中，说不定还会错失接下来到来的机会。因此，我们一定要未雨绸缪，让自己时刻做好准备等待机会到来的时候，毫不迟疑抓住机会，而一旦错失机会，在总结经验和教训之后，不要一味地懊丧，而是要更加珍惜未来的机会，当机立断做好一切准备。西方国家有句谚语说，如果你因为错过太阳而哭泣，那么你就会连群星也错过。还有一句谚语说，不要为打翻的牛奶而哭泣。在人生的道路上，不管你因为什么原因而迷失，也不管你为何沮丧消沉，都不能成为你懈怠的理由。

越是千载难逢的好机会，越是转瞬即逝。然而，在生命的历程中，真正使人遗憾的不是因为没有准备好而错失机会，而是因为没有做好充分的准备，结果即使抓住了机会也因猝不及防而导致无法及时做出理性的应对，眼睁睁看着到手的机会又悄然溜走，让人懊悔不已，所以很少有人敢于昭告世界“我时刻准备着”。老虎还有打盹的时候，更何况是人呢？但是，机会只管猝不及防地来，只管悄无声息地去。

很多人误以为等待机会就是守株待兔，其实不然。因为当兔子一头撞在树桩上时，就已经撞昏了或者死了，而机会即使到来也不会乖乖地等着你去拎着它回家，它看似无形，却是活物，而且随着外部环境的变化也处于瞬息万变之中。为此在等待机会降临的时候，我们不但要时刻准备着抓住机会，而且要时刻准备着创造机会。如果你距离机会到来只欠一个重要的人为因素，你当然要去做。

古今中外，无数成功者之所以能够获得成功，除了因为他们具备各种各样的成功要素之外，也因为他们非常善于且敢于抓住机会。很多人内心里其实是恐惧机会的，甚至害怕成功，因此当千载难逢的好机会到来时，他们总是设想失败的结局，从而搅扰得自己三心二意，根本无法当机立断抓住机会。在这样的情况下，他们变得非常无奈和被动，也总是因为机会悄然流逝而懊悔不已。正如一首歌里所唱的，该出手时就出手。人生中的所有事情都不会有百分之百的可能成功，更多的时候，成功与失败的概率是一样的。因此，当你因为未雨绸缪而止步不前的时候，你既要想到失败的可能，也要想到成功的可能，因为抓住机会不但需要做好准备，也需要胆识和魄力。

很多炒股的人都知道一句话——股市有风险，入市需谨慎。人生之中，做什么事情没有风险呢？哪怕是躺在家里睡大觉，也有可能被掉下来的天花板砸到。既然如此，我们就不要总是对于机会感到无奈，也不要总是畏惧机会的到来。时刻准备着，在机会到来的时候毫不迟疑地抓住它，这样的人生才有更多成功的可能性，这样的人生才会更加理性从容，也真正迸发出力量。

我们每天都在勤奋刻苦地学习，都在工作上坚持点点滴滴的进步，哪怕失败了也不气馁，而是从失败中汲取经验和教训，实际上就是为了做好准备抓住机会。而且当我们自身的力量更加强大，当我们在人生中的表现更加出类拔萃，我们也就常常会获得更多的机会，也有了足够的力量创造机会。总而言之，人生中的很多事情都是密切相关且相辅相成的，面对人生，我们必须时刻准备着，才能在人生之中收获更多。

学会沟通，让误解烟消云散

人与人相处的基础是什么？有人说是尊重与信任，也有人说是诚实，还有人说是沟通。当然，彼此尊重，相互坦然面对，这是人际交往的前提条件，而要想推进人际交往顺利向前发展，就要学会沟通。尤其是在现代社会，人与人之间的互动越来越频繁，人际关系也被提升到前所未有的高度，所以要想拥有丰富的人脉资源，要想得到他人的欢迎和认可，我们一定要学会沟通，才能让误解烟消云散，也才能有效消除人与人之间的矛盾和摩擦，让人际关系朝着更好的状态发展。

人是群居动物，人人都要在人群中生活，尤其是在如今的时代里，一个人要想离群索居、自给自足根本不可能。细心的朋友们会有这样的感触，那就是当在学习上面临一个难题或者在工作上遇到障碍的时候，只靠自己绞尽脑汁也无法想出解决的办法，而如果身边有其他人进行讨论，也许其他人的一句话就可以让我们茅塞顿开，这样一来问题自然迎刃而解。有的时候，我们还会因为自身生活经验的限制，导致在处理人生中的很多事情时都有很大的局限性，而实际上，这样的局限性是可以打破的，那就是多向别人请教。古人云，三人行必有我师。这是因为别人或者掌握了我们不懂的知识、技能或者方法，或者有我们不曾得知的经验和感悟，又或者可以启迪我们的思维。总而言之，没有人是全能的，在生命的历程中，我们一定要努力争取做到多与人沟通和交流，才能让自己以更加开放的心态接纳这个世界上的人和事，也才能更加从容地面对理想和未来。

从本质上而言，沟通是信息的互换，也是感情的交流，在人与人之间，沟通既是联系，也是纽带，而且是人与人之间相互联系和帮助的最佳方式。在沟通的过程中，人们还要相互分享，从而彼此都能拓宽眼界，开阔思路。此外，沟通还是学习的方式之一。很多人误以为学习就是坐在课堂上听老师讲解，或者就是捧着一本书去看，而实际上在信息时代里，沟通是传递信息的重要方式之一，也是人与人之间进行思想交流和碰撞的主要方式，是至关重要的学习方式，也是不可取代的学习方式。古人云，“听君一席话，胜读十年书”就是在阐述沟通的重要作用和独特魅力。

如今，人们彼此之间不但在生活中需要沟通，而且在学习和工作的过程中，同样需要沟通。当然，沟通绝非简单容易的事情，沟通是人际交往的基本手段，也是人际交往的重要方式。很多时候，如果沟通的方式不正确，就无法达到预期的效果，甚至有可能产生误解，导致事情朝着相反的方向发展，直至无法挽回。不得不说，这样的沟通不如没有，这样的沟通也会导致沟通的人陷入被动。

作为一家纺织企业的员工，约翰每天都在流水线上工作，有时甚至在堆满棉线制品的车间里工作，这种工作环境下最可怕的事情就是发生火灾。约翰虽然只是一名普通的员工，但是他始终都很重视防火问题。有一年秋天，工厂里的一批棉织品因为质量不合格，导致堆积在工厂的角落中卖不出去，而所有的工人都在加班加点赶制新的产品，没有人留意到这批不合格产品。有一天，约翰在经过堆积着不合格产品的地方时，突然感到其他地方折射来的强光很刺眼，经过一番仔细检查，他发现对着棉织品的不远处有一些碎玻璃。当时正值秋天，天干物燥，虽然玻璃不是凹凸镜，也无法起到聚拢光线的作用，但是若长期照射引发火灾，后果就会不堪设想。因此，约翰当即跑到总经理办公室，紧张地告诉总经理："厂子的角落里有一批次品需要马上处理，否则有发生火灾的危险。"总经理看到约翰大惊小怪的样子很生气，当即冷着脸对约翰说："你此时应该正在工作，在厂子里瞎溜达什么呢？"约翰说："我马上就回去工作，但是那批次品必须马上处理，否则真的有可能引发火灾。"总经理面有愠色："这不是你应该管的事情，你还是去做你该做的事情吧！"约翰很无奈，只好回去工作。

没想到，次日的阳光很强烈，在经过玻璃的照射之后，那堆次品果然着火。棉织品着火很快，火势凶猛，虽然消防部门及时赶到，但是依然造成了不可挽回的损失。总经理懊悔不已，如果他当时认真听约翰的话，及时处理问题，这样的后果就可以避免的。不得不说，那位总经理过于骄傲狂妄，所以才不把约翰的话放在心里，还居高临下地指责约翰呢！

在上述案例中，约翰的表达方式也有欠缺。他急急忙忙跑到总经理办公室，大惊小怪地说有可能会发生危险，而没有向总经理说清楚事情的缘由，导致总经理误以为他是利用上班时间在厂子里闲逛，所以对他极不耐烦。如果约翰和总经理都能调整沟通的方式，那么就可以有效沟通，也可以让各种事情都朝着更好的方向发展，从而成功避免火灾。

沟通是一门技术，也是一门艺术，更是每个人获得成功必不可少的交际技能之一。在这个时代里，已经不再崇拜个人英雄主义，每个人要想获得成功，都要学会与人沟通，这样才能顺利与他人合作，从而提升自己的实力，增强自己的力量。在没有掌握沟通的方式时，我们在与他人相处的过程中也许会有很多误解，甚至还会把原本简单的事情变得复杂，因此我们一定要更加努力沟通，才能更加受人欢迎，也才能获得好人缘！

学习能力强的人才能出类拔萃

心理学家经过研究发现，大多数人在出生的时候先天条件相差无几，那么为何在后天成长的过程中差距越来越大呢？这是因为天赋相似，但是每个人的学习能力却各不相同。孩子一般从3岁进入幼儿园，到6岁进入小学，再到18岁进入大学开始学习，可以说，在人生最宝贵的19年时间里，学习都是重头戏。尤其是如今大学教育普及程度越来越高，很多孩子都要在学校里度过漫长的成长阶段，可想而知，学习能力的差距必然导致他们在成长过程中有截然不同的表现，也会使得强者更强，弱者更弱。

尤其是现代社会提倡终身学习，因此每个人的学习能力强弱对于人生的影响和作用力会更大。如果说几十年前的大学毕业生在走出校园之后，依靠着在学校里学习的知识，可以应付工作之需，那么如今知识更新的速度非常快，很多大学毕业生刚走出大学校园， 就会惊慌失措地发现自己在大学里所学的知识已经落伍了。这个时候该怎么办呢？重新去大学校园里学习和回炉？显然不可能。时光宝贵，每一个人即使走上工作岗位，也必须继续学习。在竞争激烈的职场上，每个人只靠着大学文凭是吃不开的，还要以强大的学习能力支撑自己，一边认真工作，一边有的放矢地学习，唯有两面兼顾，才能在职场上出类拔萃，有更加优秀的表现。

时代发展至今，学习已经从狭义的概念发展到广义的概念，也从局限于学校和课堂里的学习方式，延伸出更多的方式，如函授、自考、自学、在线学习等。而且，每个人还可以自发地学习，多多读书，积累丰富的知识，这都是强大和武装自己的良好方式。每个孩子在出生的时候都是一张白纸，没有任何内容，一开始甚至要依靠父母的照顾才能存活下来。而随着不断的成长，各个方面的能力都得以提升，且掌握了更多的知识，心智更加成熟，对于人生也更加积极主动。这可不就像是一台裸机吗？必须想方设法提升自己的配置，才能在成长的道路上有更好的发展和成就。古人云，授人以鱼不如授人以渔。实际上每个孩子在学习的过程中，都应该以掌握学习方法作为目标，而不要只是盲目地进行“填鸭式”学习。

现代社会正在进行转型，会逐渐地变成学习型社会。这是因为社会发展日新月异，每个人每天都要接触一些新的知识，或者是新的生活工具。如果不具备学习的能力，甚至连最新款的洗衣机都不会用，可想而知这是非常糟糕的，也会导致自己在人生之中陷入被动和无奈的境遇中无法自拔。对于习惯了传统学习方式的人来说，这是一个挑战，而且会给人的生活甚至整个人生都带来翻天覆地的变化。

很多人都喜欢开日本汽车，因为觉得日本汽车省油，做工精细，更有些人特别喜欢本田汽车，毕竟在日本汽车中，本田是一个世界知名品牌。然而，很少有人知道作为本田汽车的创始人，本田宗一郎最早的时候只是一家汽车修理厂的学徒。他对待工作非常认真负责，每当在修理汽车的过程中遇到难题的时候，从来不会放弃，而是认真刻苦地钻研，努力做到把问题了解透彻，圆满解决。正是凭着这种钻研精神，本田宗一郎很快就自立门户，成立了属于自己的汽车修理厂。在自立门户之后，他才意识到开一家汽车修理厂并不是一件简单容易的事情，因此他主动到汽车专修学校上夜校，每天白天在修理厂里辛苦工作一天，晚上还要去夜校里学习。有的时候，他遇到自己不能解决的汽车问题，还会在上夜校的时候向老师请教。后来，本田宗一郎从汽车修理学校毕业，成立了公司，开始把事业做大做强。

凭着对汽车的深入了解和钻研，1936年，第一辆本田汽车问世。本田宗一郎并没有感到沾沾自喜，而是以福特汽车作为自己发展的标杆，不懈进取，最终在汽车发展行业做出了杰出的成就，也把本田汽车推出了日本，让本田汽车走向了全世界。

现代社会，大多数年轻人都有大学本科文凭，其中还有不少年轻人是研究生、博士生毕业。和这些年轻人相比，本田宗一郎从未上过一天大学，只是从汽车修理厂的学徒工开始干起，他的起点不可谓不低。但是在事业发展的过程中，他意识到学习的重要性，因此始终坚持学习，突破和成就自我，最终他成功地创立了自己的公司，而且生产出举世闻名的汽车。不得不说，本田宗一郎在事业上取得了了不起的成功，是他坚持学习、努力进取的结果。

对于学习，我们应该有更为广泛的概念和理解，才能以灵活多样的方式坚持学习。如果把学习局限于坐在教室里听讲，只去参加各种各样的培训班，则无形中增强了学习的难度，也会导致学习变得不可行。在古代社会，囊萤映雪，凿壁偷光，都是勤学的人想出的学习方法，现在社会有这么好的学习条件，一定不要抱怨自己没有机会学习，也不要总是认为自己在学习方面不会有进展。你看到的、记在心里的点点滴滴的知识，都会在未来某个时刻给予你助力。俗话说，技多不压身，坚持学习总是没有坏处的，也总是会给我们的人生带来惊喜收获的。

人生就是不断选择的过程

有人说，人生就是由一个个错误组成的，也有人说，人生是由一个个选择组成的。实际上，错误的本质也是选择的结果，因此归根结底，人生还是由选择组成的。那么我们的所有辛苦和努力也就有了最好的理由，那就是为了更好地选择。

有人说性格决定人生，有人说心若改变世界也随之改变，而实际上，真正直接决定人生的是选择。一个人有怎样的选择，就会有怎样的人生。每当面临那些重要的人生抉择时，人们总是很难作出决定，也总是会有患得患失的心态。当然，人生的选择并不总是愉悦的，尤其是在人生的艰难时刻，选择总是使人进退两难。当然，选择的前提是要作出理性的思考和明确的决断，也需要有魄力和毅然决然的决心。很多人面对选择的机会往往犹豫不决，或者总是拖延，无形中就贻误了时机，也导致未来变得更加被动。即使选择会决定人生，我们也还是要有当机立断的精神，在人生的道路上勇往直前、无所畏惧。

很久以前，有三个人同时进入了监狱，并且巧合地被判决服刑同样的时间。他们都有机会提出一个请求，并且这个请求会被满足。第一个人是个烟民，他的请求是要十箱雪茄，这样他在监狱里的日子就不至于犯了烟瘾而无法得到满足了。第二个人是个爱情至上主义者，还是个浪漫的法国人，他提出的要求是要让一个美丽的年轻女性和自己一起进入监狱，共同生活。第三个人是个生意狂，最喜欢做生意赚钱，他的要求是有一部话费充足、信号稳定的手机。监狱长满足了这三个人的请求。

几年过去，他们服刑期满。当监狱的大门打开的那一刻，第一个人含着满嘴的雪茄迫不及待从监狱里奔出来，而且不停地喊着：“火，火，火！”原来，他当年要雪茄的时候忘记了要火。第二个人慢慢吞吞从监狱里走出来，他的手里牵着一个三岁的孩子，怀里还抱着一个婴儿，而他的美丽女友则挺着大肚子，显而易见，肚子里的孩子也快要出生了。第三个人风风火火从监狱里走出来，看起来根本不像是被监禁了好几年的人那样萎靡不振，而是精神抖擞，意气风发，他走上去紧紧地握住监狱长的手，说：“谢谢你当初答应给我一部话费充足、信号稳定的电话，这样我在监狱的这几年时间里才能遥控公司正常运转，而且我的公司发展很好，如今的资产和我入狱的时候相比已经翻了几倍之多。”

这个故事的真实性无从考证，但是却告诉我们一个深刻的道理，那就是选择决定人生。今日我们所作的选择也许看起来很不起眼，但是这看似漫不经心的选择很有可能会给我们的人生带来深远的影响，而且会对我们的人生产生蝴蝶效应，彻底改变人生。因此当面临诸多选择的时候，一定要慎重，而在艰难的时刻里作出抉择的时候，还要有勇气和魄力。很多人面对艰难的选择会逃避和畏缩，殊不知，只要活着，人生就充满了选择，而躲得了初一躲不了十五，只有在选择的时候坚定勇敢，我们才能无所畏惧地面对人生，也才能在成长过程中收获更大的进步和成功。

不可否认，选择从来不是一件简单容易的事情，每个人都会作出不同的选择，因为一个人的出生、家庭背景、教育经历、人生阅历，以及对于人生的各种观念等，都会影响他们的选择和决定。当然，每个人都是这个世界上特立独行的生命个体，每个人也有自己的梦想和理想，因此每个人的选择也极具个性化。在选择的过程中，还要避免盲目从众，避免盲目跟随别人。尽管真理大多数时候掌握在绝大部分人手里，但是偶尔也会掌握在少数人手中。因此，在面对选择的时候，我们还要坚定自己的信心，让自己更加勇敢无畏、无怨无悔地面对选择。当你勇敢且无畏地面对人生的一切选择，就意味着你变得强大，而当你在作出选择之后不会患得患失，而是能够勇敢地承受一切后果时，那么你就真正地走向了成熟。

勇敢面对，是解决问题的第一步

人生中之所以堆积了那么多的问题无法解决，未必是因为这些问题有多难，而很有可能是因为当事人在面对问题的时候采取了逃避和退缩的态度。勇敢面对，是解决一切问题的第一步，任何时候，我们都要勇敢面对问题，这样才能迫使自己在解决问题的时候，不畏缩，不逃避，而是始终都能够朝着问题迈进，也能够坚持不懈为了解决问题而努力。

常言道，人生不如意十之八九，其实不如意就是人生的常态。面对人生，我们要习惯于接受人生的各种难题，也要习惯于在人生的道路上踏遍荆棘和坎坷，给自己的人生更广阔的发展空间。如果因为小小的不如意就颓废沮丧，也因为在人生中常常面临各种困境而感到内心沮丧，则不需要命运来捉弄和挑战我们，我们就会被来自心底的绝望和无助打败。俗话说，天无绝人之路，对于任何人而言，只要心中有希望，人生就会有光芒。而如果心中是绝望的，是无助的，那么哪怕人生鸟语花香，你看到的也是阴霾，也是残枝败柳。心境，在很大程度上决定了我们面对这个世界的态度和姿态。因此，我们要怀着积极乐观的态度面对人生，也要拥有向上的心境。

你曾经是否有过这样的感受，就是当因为一件事情而郁郁寡欢的时候，原本在你眼中阳光明媚、非常明亮的世界，也会瞬间变得暗淡起来。而当你有了好的事情值得庆祝的时候，所谓人逢喜事精神爽，你不管看什么都很顺眼，对于身边的人也变得非常和善友好。这就是心境对你的影响，这种影响力在不知不觉中发生，你甚至无法意识到它的发生和存在。

以笔为武器的鲁迅，曾经写过一句脍炙人口的话：真的勇士敢于直面淋漓的鲜血和惨淡的人生。的确，不管面对怎样的人生和境遇，勇敢面对都是解决问题的第一步，如果总是逃避，即使再简单的问题也无法解决。当然，要想直面问题，解决问题，最重要的不是靠着纯粹的力气，而是要在人生中不断地积累经验，持续地反思自我，这样才能让自己变得更加强大。说起人生的强者，很多人马上想起膀大腰圆的壮汉形象，而实际上手无寸铁的女性也有可能是人生强者，只要她们的内心足够强大，只要她们有胆识有气魄，就可以在人生的困境中不断地努力向前，获得力量。

有些人抱怨命运，其实命运总是公平的，它从来不会特别偏爱谁，更不会把所有的优势都给一个人，同样的道理，它也不会特别亏待谁，更不会把所有的缺点和不足都给一个人。

富勒从小出生在一个贫穷的家庭里，但是他的妈妈不像其他贫穷的家庭主妇那样怨声载道，更没有总是愁眉苦脸，相反，乐观向上的妈妈总是告诉富勒："我们应该想办法改变贫穷，你的父亲从来不想致富，为此他穷了一辈子。妈妈希望你不要和你的父亲一样，你要成为我们家里第一个想要发财致富的人。"在妈妈反复地叮咛和教育下，富勒越来越不甘心于过穷困的生活，而是每时每刻都在想着要改变命运，改变人生。

富勒没有机会读书，从很小的时候就开始当推销员。他推销的产品都是日用品，是日常生活中很畅销的产品，如肥皂、纸巾等。即便如此，他在一开始推销的时候也总是吃闭门羹，还常常遭到客户的拒绝和谩骂。但是他从未退缩过，而是始终努力向前，始终坚持不懈。在勤奋和努力之下，富勒的销售业绩越来越好，他也通过实战积累了销售经验。很快，他的机会到来了，有一个肥皂供应商因为经营不善要转让公司，虽然富勒这么多年来辛苦积攒的钱距离接盘公司还有很大的差距，但是他毫不气馁，而是四处筹钱，直到最后，他只差两万美元就成功了。但是，他已经借遍了亲戚朋友，再也无处可借钱。走投无路的富勒没有放弃，他在街道上走来走去，突然看到一座写字楼里的某一间办公室还亮着灯。他当即去敲开那间办公室的门，勇敢地向一个陌生人进行融资，而且承诺会在很短的时间内还钱，并且附上高昂的利息。出人意料的是，富勒成功了，从此之后他就开启了致富模式，陆陆续续收购了多家公司，把事业做得越来越大。

富勒以亲身经历证明，妈妈说得是对的。他的父亲之所以贫穷根本不是上帝的旨意，而是因为他的父亲从未有过致富的念头。在妈妈的引导和教育下，富勒小小年纪就梦想着有朝一日能够致富，而且从未放弃过这个梦想。正是在梦想的指引下，他才能够一步一步地改变命运，最终获得梦寐以求的成功和理想的人生。

在人生的道路上，每个人要想获得成功，都要面对形形色色的难题，而且不能逃避这些难题，必须勇敢面对这些难题。唯有如此，才能逐渐突破困境，让人生从艰难的处境里摆脱出来，进入更加顺利的境遇。很多人担心努力之后不能达到预期的结果，实际上这样的担心完全没有必要。退一步而言，就算努力之后失败了，也可以获得经验，而如果始终停留在原地止步不前，则一定会导致人生不进则退，反而会有巨大的退步。

第07章

人生中最酷的事，莫过于把吹过的牛一一实现

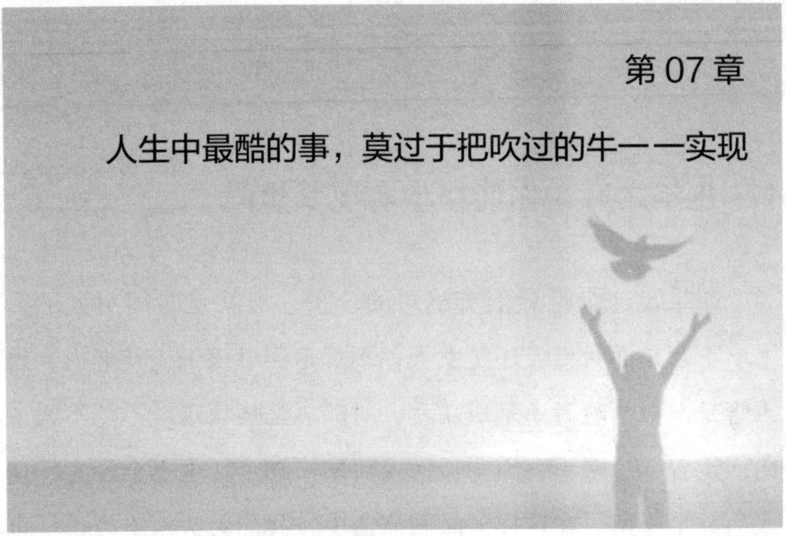

人生中最酷的事情是什么？每个人都有自己的理解，也会作出极具个性的回答，而如果把千奇百怪的回答都归结起来，人生中最酷的事情就是把自己吹过的牛一一实现。众所周知，吹牛总是带着不切实际的幻想色彩，而如果能够把看似不可能实现的事情都变成现实，让别人瞠目结舌，让别人惊艳羡慕，这当然是让人感到很骄傲和自豪的。但是，真的要把吹过的牛一一实现，绝不会像说起来这么简单容易和轻松，甚至比实现梦想更难，因为每个人在吹牛的时候从来不怕说大话会闪了舌头，为此他们总是把牛皮吹破，实现起来自然难度倍增。

几年之后，你能初步实现梦想吗

如果说这个世界上有绝对的公平，那就是时间对人的公平。不管是面对男人还是女人，不管是面对孩子还是老人，也不管是面对落魄者还是成功者，时间总是嘀嘀嗒嗒不急不躁地向前走着，从来不会因为任何人而加快脚步，也不会因为任何人而驻足停留。在这样的时间流逝中，我们无法拒绝成长，也不可挽回地老去。既然光阴的流逝是不可改变的，那么在光阴的流逝中，我们获得了怎样的成长和进步呢？我们又是否实现了自己最初的梦想呢？随着时间的流逝，你对于自己的人生是越来越满意，还是越来越厌恶？你对于自己现在的样子是感到激动人心，还是觉得无法面对呢？

一个积极的人，最不能忍受的就是人生没有任何改变，更别说人生越来越倒退。每个人所渴望的改变，都是向着好的方向去发展，都是在改变的过程中越来越接近梦想，而不是越来越疏远梦想。然而，哪怕是初步实现梦想，也是需要不懈努力和坚持的。对于任何人而言，实现梦想的道路都很艰难，我们必须十足努力，也必须足够坚持，才能在实现梦想的道路上不断前进，持续进取，也才能在追求梦想的道路上越来越进步。

人生不仅仅应该向前看，也应该向后看，这样才能反思自己的过去，也才能畅想自己的未来。每个人都应该对于人生有欲望有追求，这样才能全力以赴做到最好。尤其是在反思过去感到自己做得不够时，更应该努力提升和完善自己，才能有的放矢做到最好，才能真正经营好人生，也证明自己的实力。人生最大的成功，不是活成别人想要的样子，而是要全力以赴做最好的自己，成为自己所期待的模样。唯有如此，我们才能活出自己想要的样子，也才能全力以赴奔向最美好的人生。

在大学毕业5周年的聚会上，同学们都有了很大的变化，不但看起来更加成熟，而且人生和事业也有了快速发展。有的同学已经成为公司里的中层管理者，有的同学成为公务员过着安逸的生活，也有极少数同学依然在不停地跳槽，在职场的底层挣扎。那些混得好的同学明显是春风得意的样子，那些混得不好的同学，原本还不觉得自己的人生有太多遗憾，在对比之下，却意识到自己真的过得很失败，为此难免沮丧和无奈。

小丁春风得意，他在家族企业里工作，已经成为分公司的副总，俨然一副成功人士的模样。然而，同学们在曲意逢迎他的同时，眼睛里却是质疑和不屑。这个时候，曾经班级里最清高也是如今混得最“惨”的同学提议：“咱们都来说说，现在的自己是否实现了曾经的梦想？”这个最“惨”的同学大学毕业后就去支教，一去就是3年，如今在一所民办学校里当老师。他率先说起：“我实现了自己的梦想，因为5年前大学毕业的时候，我就想去西藏支教。我做到了，至今孩子们还会给我写信。”在他的带动下，其他同学也纷纷说起自己的梦想，有的感到很骄傲，因为觉得自己距离实现梦想越来越近，而有的却感到很无奈。这个时候，小丁一拍脑门：“天啊，你们不说梦想，我完全忘记了梦想。我不是想成为和韩寒一样的职业作家和赛车手吗？为何现在却变成了一个浑身充满铜臭味的商人呢？”同学们忍不住哈哈大笑起来，说：“当个商人可比不靠谱的梦想更好……”但是小丁当即表态：“我不能这样下去！”

如果不是那个混得最“惨”也距离梦想最近的同学提起梦想，说起现在的自己是否让曾经的自己感到满意，也许大家只顾着比较，而会彻底遗忘梦想。想想年少时说过的话，以为梦想是人生的领航灯，以为梦想是不可取代和不容亵渎的，却没想到梦想始终距离我们这么近，也给予了我们最美好的未来。人人都不能背弃梦想，只有朝着梦想的目标不断地前进，哪怕遭遇艰难坎坷也决不放弃，我们才能活成自己想要的样子，才不会因为悄然流逝的时光感到后悔。

你也许在人生前进的道路上奔忙了很久，但是你有没有想过你与梦想之间是变得更近了，还是变得更远了呢？如果没有想过，你终究会渐渐地迷失自己，如果没有想过，你一定会感到迷惘和困惑。人生就是一场旅程，总是要有目的地作为方向的指引，也作为激励人不断努力的动力，这样才能促使人们距离梦想越来越近，也使得人们真正地走近梦想，实现梦想。

时至今日，不管你对于自己的现状是否感到满意，你都要始终牢牢记得，只有从现在开始努力，未来才不会对自己不满和嫌弃。也只有拼尽全力，才能在人生的旅程中无怨无悔，活出独属于自己的充实与精彩人生！

不经历风雨怎能见彩虹

很多喜欢打游戏的人都喜欢说“开挂”二字，那么开挂到底是什么意思呢？对此，每个人的理解都有细微的不同，但是每个人的开挂都有一个共同点，那就是动力十足，全速前进。因此，我们要想拥有开挂的人生，就一定要更加努力，把时间和精力都用在刀刃上，才能起到最佳的效果和最好的作用。在现代社会，大多数父母都特别重视孩子的学习，也希望孩子在学习上能够出类拔萃，成为不折不扣的佼佼者。殊不知，孩子的天赋各不相同，他们在学习上的表现也是参差不齐的。所以父母即使强求孩子一定要有完美的表现，孩子也未必能够做到最好。更重要的是，父母要因人制宜，因材施教，根据孩子自身的具体情况，有的放矢地引导和帮助孩子，让孩子持续地成长，坚持进步。

对于大多数孩子而言，父母口中的“别人家的孩子”简直就像一场噩梦，让他们不想听，更不愿意去想。甚至有些孩子会因为父母频繁提起别人家的孩子而对别人家的孩子充满羡慕嫉妒恨。父母一定不知道，在他们总是不吝啬于对别人家的孩子进行赞美的时候，已经在自己家孩子的心中种下了仇恨。然而，别人家的孩子并非天生优秀，而是在父母的细心栽培和自己的努力用功下，才能不断地成长，获得更好的发展。其实不管是孩子还成人，人生要想开挂，就一定要付出艰苦卓绝的努力，否则何谈成功呢？人生总是有太多的未来值得我们憧憬和渴望，尤其是当畅想美妙的人生前景时，我们往往会觉得内心很充实，然而这样的充实要想延续到现实生活中，就必须百倍努力。

人生的确需要呈现开挂的姿态，而不要总是对于很多事情愁眉苦脸，对于很多事情都怀有深深的绝望。如果总是因为人生的未来而焦虑和紧张，也总是在人生的漫长道路上漫无目的地前进，就会浪费宝贵的人生时光，也会使得人生面临各种困窘。一个人不管是青春年少还是垂垂老矣，都需要珍惜时光。时间，是组成生命的材料，是人生最重要的资本，如果没有时间的历练，就会导致人生变得苍白浅薄。只有在时间的承载下，人生才会有的放矢，事半功倍。有的时候，我们看到别人开挂的样子，往往很羡慕，甚至觉得他人一切的成功都建立在顺遂如意的基础上，殊不知，每一个人在光鲜亮丽的人生背后，都曾付出艰苦卓绝的努力，我们以为别人的好运气，都是他们不懈努力和坚持的结果。也许别人在成功之前曾经吃过太多的苦，经历过太多的磨难，正是因为始终在坚持，他们才能守得云开见月明，才能在人生的道路上无所畏惧、勇往直前。

人生要经历多少苦难，遭遇多少磨难，才能变成我们所期待的样子呢？没有人知道答案，我们唯一能做到的事情就是绝不放弃，一直坚持到最后。在这个世界上，大多数人的人生都是平淡的，甚至是平庸的。然而，任何人的人生之路都绝不是平坦的。许多人都是经历过比死还绝望的人生困境，才不断地激励自己努力向上，求全发展，最终从绝境中站起来，距离梦想中的人生越来越近。

俗话说，生命不息，折腾不止。实际上，在我们的人生不到真正谢幕时，我们就要在人生的道路上不断地前行，努力地进取，无论人生的境遇多么糟糕，我们都没有资格放弃。活着就好，还记得电影《活着》吗？人生是那么艰难，但是人人都要永不放弃地活下去。喜欢阅读文学作品的朋友都知道作家史铁生，不得不说，史铁生的人生就是饱经磨难和挫折的。在命运的绝境面前，他曾经想过放弃，然而终究还是义无反顾地活下去，而且比原来活得更好。每个人在生命的历程中都会有各种各样的遭遇和感悟，也会因为生命的历程而变得更加成熟，始终坚持成长。要想在人生之中活出独特的精彩，我们要意识到的一点就是，决不抛弃，也不放弃，这样的人生才会是更加积极主动和勇往直前的。尤其是在人生中遭遇困境的时候，我们更要努力做到更好，这样才能打破人生的限制和禁锢，也突破内心的局限，始终无所畏惧地畅行人生的道路。

人生是一场没有彩排的戏，即使表演出现失误，也无法重来，只能尽量弥补。人生也不是电影，不可能进行剪辑，而且就算在影视剧中，各种角色也总会遭遇各种坎坷挫折，才能在人生的道路上走得更好，走得更远，也更加接近梦想的终点。总而言之，不要因为任何原因导致人生无法开挂，越是艰难的人生之中，我们越要振奋精神，砥砺前行，越要全力以赴，呈现出独属于自己的精彩。

即使只是竭尽全力奋斗一年

你曾经努力到什么程度？面对这个问题，你会给出怎样的回答呢？你一定会迟疑，或者是因为你始终都很努力，更有可能因为你此前从未真正全力以赴努力过一年的时间。现实生活中，大多数人所谓的努力都是短暂的坚持，或者是为了考研而挑灯夜读几个月，或者是因为期末考试冲刺而废寝忘食，或者是因为工作上的某个项目而不得不竭尽全力奋斗，很少有人能够主动坚持努力奋斗一年。如果你从未这么做过，那么从现在开始竭尽全力努力奋斗一年，再看看会发生怎样的结果，好吗？你很有可能会感到内心非常压抑，因为你不知道自己能否真正坚持下去。如果你本身就是一个很有动力、斗志昂扬的人，你也许会感到非常振奋，希望自己可以在一年之后有所收获。

曾经有人说，怀才就像怀孕一样，时间久了总是能够看出来的。的确如此，怀才恰如怀孕，奋斗也恰如怀才。这个世界上既然没有一蹴而就的成功，也就注定了任何成功都要经过艰苦卓绝的努力才能实现，任何成功也很有可能遭遇各种坎坷挫折与磨难才能犹抱琵琶半遮面地出现在我们的面前。因此，不要因为暂时没有获得成功就心急如焚，也不要因为成功姗姗来迟就怨声载道，如果你的努力迄今为止还没有结果，那么只能说明你努力的程度还不够，你坚持的时间还不久。要想获得成功，就要付出加倍的努力，就要更加长久地坚持，如果总是因为各种原因而轻易选择放弃，那么也许会在靠近成功的时候遗憾地选择结束，这样一来也就彻底失去了成功的机会。不要再因为没有获得成功而焦虑紧张，或者忧愁不安，而是要更加全力以赴奔向人生中更美好的境遇，也要有的放矢地在人生的道路上努力前行，这样才能距离自己的梦想越来越近，也让人生更加充满希望和力量。

大学毕业后，大海没有像怀孕一样把自己所怀的才显露出来，因此，他没有进入心仪已久的公司，而是去了一家不起眼的小公司。一开始，大海想要骑驴找马，一边在小公司里挣生活费，一边找更好的工作。然而，在小公司工作一段时间之后，大海意识到小公司的平台虽然没有大公司大，但是需要做的事情很多，也有机会接触到公司运转过程中更多的环节。因此，他对于工作不再三心二意，也打消了找新工作的念头，而是把所有的时间和精力都投入到现有的工作中。

所谓一分付出一分回报，在对工作全心投入，竭尽全力做好之后，才一年的时间，大海就从同事们之间脱颖而出，获得了老板的赏识。小公司尽管体制还不健全，但是晋升很快。老板提升大海为中层管理者，还告诉大海："好好干，副总的位置就是你的。"大海想：当公司的开国元老也没有什么不好的。从此之后，他脚踏实地投入工作，告诉自己要和公司一起成长。在持续地努力和奋斗之后，大海果然成为公司里的副总，他和老板齐心协力，把公司经营得风生水起。

在这个案例中，大海原本是想骑驴找马。实际上，对于每一个年轻人而言，骑驴找马都是很糟糕的状态，因为这意味着三心二意，意味着不可能投入所有的时间和精力去把手中的工作做好，很有可能导致丢了西瓜捡芝麻，最终毫无收获。人，最重要的是专注于当下，只有专注于当下才能把事情做到最好，也只有专注于当下才能全力以赴做好该做的事情。有专家提出正念冥想，也正是要求我们要专注于当下的人生，从而抛除私心杂念，集中精力做好该做的事情，获得真正的成功。

在时光的流逝中，努力总是会开花结果，只是需要我们耐心地等待。如果我们不管做什么事情都三心二意，都是心不在焉的样子，最终我们就会在人生中迷失，也会在成功的道路上剑走偏锋，距离自己理想的人生状态越来越远。不忘初心，方得始终，在人生的道路上，我们只有不懈努力，才能守得云开见月明，才能进入人生之中柳暗花明又一村的胜境。

活出自己的模样才是真正的成功

每个人都是这个世界上特立独行的生命个体，每个人的梦想也是与众不同的，因此每个人的人生和梦想都带着自己的深刻印记，带有自己与众不同的色彩。然而，既然梦想是不同的，我们就要顺从自己的内心，而不要盲目地模仿别人的成功，只有活出自己的精彩人生，只有活出自己与众不同的模样，人生才会更加充实，也才会有不一样的绽放。否则，哪怕模仿别人获得了成功，也是成功的仿制品，并非独属于自己的成功和人生。因此，我们一定要更加努力，坚持主见，做最好的自己。

在世界上生存，每个人都要有独特的、傲然的姿态，无须讨好这个世界，也无须讨好任何人，但是，却需要讨好自己。讨好自己是很有必要的，如果总是在生命的历程中沉沦，总是在人生的起起伏伏中不知道如何才能更好地面对自己，则一定会在人生道路上迷失，也一定会在未来有糟糕的境遇和悲惨的人生。只有讨好自己，只有活出自己想要的模样，只有获得自己理想的人生，我们才能真正获得成功，也才可以在人生的道路上始终坚持不懈地朝着自己的理想努力奋进。

一个人如果不能接纳和忠诚于自己，他们的内心一定会是彷徨和忐忑的，归根结底，人生没有回头路可以走，我们面对人生必须更加努力辛苦，必须更加全力以赴，必须更加集中精神和力量，才能争取一步到位做得更好。不要怕通往梦想的道路太遥远且漫长，也不要觉得那些成功者都有独特的天赋和让人羡慕的好运气。在真正获得成功之前，他们很有可能还没有你幸运，也没有你那么强的能力，但是他们始终都在坚持过好人生的每一天，都常常讨好自己，顺从自己的心去作更远大的决定，所以他们才能始终在人生的道路上前行，也才能奔向人生远大的目标。

人生是一场没有归途的旅程，在漫长的人生之中，我们或许已经被安排好如何过完这一生，但是没有人可以真正为我们做主，也没有人可以代替我们主宰人生。我们唯有成为自己的主人，成为自己的神，成为自己的上帝，才能真正地主宰命运，才能在不断努力奋斗的过程中进入崭新境遇，有收获创造全新人生的机会。

从小小宇就特别羡慕爸爸妈妈口中“别人家的孩子”，因为他们可以得到爸爸妈妈这么多的认可与赞赏，简直就是妥妥的人生赢家。亲耳听着爸爸妈妈慷慨地赞赏别人家的孩子，想想就可以知道作为当事者的孩子只能听着，只能羡慕，不能嫉妒和恨，还要做出一副虚心学习的样子，该有多么难受。小宇就是在这样的难受中成长起来的，他最大的心愿就是努力，让自己取代父母口中“别人家的孩子”，得到父母的认可和赞赏。

小宇的内心越来越崩溃，他铆足了劲要有更好的表现。直到大学毕业后，小宇在工作上有了出类拔萃的表现，才活成了父母口中“别人家的孩子”。这个时候，小宇如释重负，他终于可以成为父母的骄傲，有让自己和父母都很满意的人生。但是他没有懈怠，他想要继续讨好自己，满足自己心中的渴望，让自己成为父母绝对的骄傲。因此，他更加拼搏努力，最终实现了人生又一个阶段的梦想，那就是买房买车，把退休的父母从家里接出来，让父母和他一起在大城市生活。如今的小宇对于未来充满了幻想和憧憬，也充满了渴望，他相信自己可以把控命运，也相信自己可以掌控人生。

每一个人都有自己想要的人生，在生命的历程中，与其一味地陷入被动的人生困境无法自拔，不如有的放矢经营好属于自己的人生，这样即使失败了，也可以收获充足的人生经验，而不至于让人生一片苍白。作为明智的人，不会在人生中采取悲观消极的态度，而是会更加努力经营好属于自己的人生，也更加全力以赴在人生的旅途中攀登属于自己的人生巅峰。生命不可重来，每个人的人生都只有一次机会，每个人的未来都把握在自己的手中。虽然要把自己活成父母口中“别人家的孩子”，但是并不意味着我们要和别人家的孩子一样优秀、成功。每个人都是独特的生命个体，我们要做的是活出自己的精彩，活出自己的样子。唯有如此，才能距离自己梦想的成功越来越近，也才能真正地追求梦想和成功，获得理想的人生。

人生，从来不是活给别人看的，我们一定要问清楚自己想要怎样的人生，这样才能在生命的历程中不断地崛起，持续地进步，也才可以保证正确的人生方向，从而避免犯南辕北辙的错误。如果成功不能让自己愉悦和收获成就感，而只是愉悦了他人，则成功也就失去了意义。当然，人生不会完全顺遂如意，尤其是通往成功的道路总是充满泥泞和艰难坎坷，就更需要我们持续进步，不懈努力，才能在人生之中排除万难。活成自己想要的样子，这就是人生最美好的姿态。

把吹过的牛变成现实才最炫酷

吹牛和梦想有什么不同呢？梦想是以现实为基础，是对于人生的可行幻想。而吹牛却是脱离实际，甚至不切实际的。从这个意义上来说，要想把吹过的牛一一实现，比实现梦想更难。但是对于人生而言，真正的炫酷就是实现吹过的牛，让自己的人生绽放与众不同的光彩。

年少不更事的时候，我们觉得自己可以主宰整个世界，为此变得很傲慢，甚至对于自己的人生有太多不切实际的梦想和幻想。在这个人生阶段，真的可以用心比天高、命比纸薄来形容我们，因为年轻的我们除了梦想一无所有，而支撑着梦想的唯有满腔热情。既然如此，我们为何不更好地做自己呢？做自己，是我们的原则和底线，做自己，也是我们最远大的梦想。当我们一一实现自己吹过的牛，我们就可以挺起胸脯骄傲地告诉别人：我实现了梦想，我也不曾吹牛！

艾米在刚刚进入大学的第一个学期，就申请了贫困生助学金，因为她的父母都是普通的农民，为了给她凑够学费已经借遍了亲戚朋友，根本没有能力再供给她生活费。因此，艾米第一时间申请了贫困生助学金，接下来的日子里，她去了学校的餐厅打工，每天抽出固定的时间保证食堂卫生。随着学习进入正轨，她调整好学习和生活的节奏，还去校外兼职。她很清楚，她不仅是养活自己，还要挣出来年的学费，如果有能力再帮助爸爸妈妈还清学费的欠款，那就更好了。

大多数同学都和艾米截然不同，他们一下子从压力山大的高中生活中解脱出来，最想做的就是释放自我，尽情玩耍，享受大学里浪漫生动有趣的生活。因此，每当艾米一大早起床去操场上读书的时候，同学们还在睡觉；当艾米在操场上热血沸腾地跑了好几圈回到宿舍洗漱的时候，同学们才睁开惺忪的睡眼。每天放学，艾米第一时间就去食堂里勤工俭学，每天夜晚，同学们或者在一起玩乐，或者结伴看电影，艾米却在校外兼职。后来，艾米拓宽了兼职的范围，不再完全当家教，因为她身材高挑，所以她也当平面模特。既然要花费更多的时间去打工，艾米就要挤出更多的时间学习。有一段时间里，兼职的工作很忙碌，艾米不愿意放弃，每天只能睡四五个小时。有一天，艾米过生日，几个要好的同学给她买来蛋糕。就是这一次，艾米喝多了，她对同学们宣布："以后，我不但再也不申请助学金，还要在大学毕业前为自己买一辆至少20万元的车子。"听到艾米带着醉意的话，同学们很惊讶，不以为然："要说富二代能够买车，这丝毫不稀奇，但是艾米可是拿过贫困助学金的人啊，靠着什么买车呢？父母没有钱帮助她，她甚至需要帮助父母偿还借来的学费呢！"因此，大家都把艾米的话当成醉话，听过之后也就忘记了。

然而，大四学年开始，艾米真的开着一辆20万元的车子来上学，而且她还从宿舍里搬了出去，在校园旁边租住了一套30多平方米的一居室。看到艾米有这么大的改变，同学们议论纷纷，甚至有很多同学觉得艾米是因为傍大款了，才能一下子从地狱到天堂。然而，他们不知道的是，艾米从进入大学的第一天就在兼职，当家教，设计程序，做平面模特，艾米的整个大学生涯从未有过一分一秒是闲着的，她只保证自己最少的睡眠时间。在3年的时间里，艾米不但学业上有所成就，而且还完了父母所有的欠款，最重要的是还成功地积攒了人生的第一桶金。当然，她之所以买这么贵的车，不是为了炫耀，也不是为了爱面子，而只是因为她注册了一家属于自己的公司，开始经营，该车是用于办公。当然，也有同学不相信艾米的逆袭，觉得艾米一定是当了小三，或者出卖自己，艾米心知肚明，她甚至对几个同学发出了邀请函，希望他们在大学毕业后和自己一起创业。

人人都有梦想，一个人越努力勤奋，距离梦想越近，而一个人越懈怠拖延，就距离梦想越遥远。人生有太多的可能性等着我们去实现，命运对于每个人都是公平的，就看每个人是否真的想要获得成功，是否真的愿意让自己的人生如同打了鸡血一样活力满满，又是否如同开挂一样不会停下来。如果艾米作为一个农村里家境穷困的孩子都能成功逆袭，你为何不能呢？当然，也许你家境优渥，不需要逆袭，但是你依然要努力。每个人在出生的时候拥有的起点，并不意味着他们在漫长的人生中始终都能维持在这个起点，更多的时候，人生会有波澜起伏的改变，我们唯有始终打起精神，在生命的历程中全力以赴去拼搏，才能在人生道路上做得更好，到达更高的巅峰。

把吹过的牛一一实现，想一想，这就是一件超级炫酷的事情。因此，不要压制自己对于人生的欲望，因为有欲望才有动力，有梦想才有将来。做人固然不能陷入欲望的深渊，但是也不要逃避欲望。在适度欲望的驱使下，我们会更加努力向前，全力以赴去拼搏，从而真正突破人生，实现人生的璀璨与辉煌！为了做好自己，你准备好这一切了吗？如果准备好了，那就马上出发吧，如果没有准备好，那就当机立断做好充分的准备，这样你的人生才是更加美好和充实的，才会是精彩纷呈的！

第08章

你最努力的时光，会是你人生最美好的时光

很多人对于现实生活都不满意，是因为他们觉得自己的人生中有太多的遗憾和无奈，那么，这种遗憾和无奈从何而来呢？有很少的人天生就有生理缺陷，但是这并非一个人自暴自弃放弃努力的原因，大多数人都有着普通的出身和平凡的人生，要想在生命历程中有更好的成长，有出色的成就，就一定要努力。记住，平庸并非与生俱来的，一个人无论自身的条件如何都要非常努力，才能坚持在人生旅程中崛起，才能获得梦寐以求的成功。努力的时光虽然很难熬，但是一旦努力之后获得成功，努力的时光就会变成我们生命历程中最值得骄傲与自豪的资本，也是最美好的时光。

大多数人都不喜欢自己的人生

现实生活中，很多人都过着自己不喜欢的生活，为此他们对于人生总是怨声载道，也常常心不在焉，三心二意。实际上，人生从来不是顺遂如意的，每个人在生命的历程中都要经历很多坎坷的遭遇，也要承受很大的磨难和压力。要想改变现状，最重要的不是抱怨外部世界，而是要努力主动地反思自己：我们为何不喜欢自己现在的生活？如何做，才能获得梦寐以求的生活？弄清楚这些问题是至关重要的。

人生总是要继续下去，就像时间的流逝从来不以任何人的意志为转移一样。只有不断地努力进取，只有在遇到磨难的时候决不放弃，我们才能在与命运的博弈中取胜，也才能距离梦想中的生活和理想的人生状态越来越近。越是年轻人，越是对人生感到迷惘，也常常会在经历生命的过程中产生各种困惑。等到年华逝去，年轻人不知不觉间就老了，为此他们眼神黯淡，根本不知道时间都去了哪里。这个时候，他们对于人生也失去了幻想和憧憬，失去了梦想和期望，必然会对梦想感到更加困惑，也必然会因此而觉得内心乏力，无法面对自己。不得不说，这对于人生而言是很糟糕的状态，热情和激情就像是支撑人生的脊梁，如果没有脊梁，人生还如何延续下去呢？

所以不要再抱怨人生不如意，也不要以厌恶和嫌弃的状态面对人生，只有全力以赴坚持经营好人生，让人生绽放出精彩，我们才能驾驭人生，成为人生的强者。否则就会迷失在生命的历程中，任由宝贵的生命时光悄然流逝，我们总有一天会懊悔，为何要这样轻而易举地就放弃了人生，放弃了努力？真正的强者，不管面对人生怎样的境遇，始终都会很努力，很振奋精神，即使到了筋疲力尽的时候也决不放弃，而是依然坚持。而那些胆小怯懦的人，在生命之中遇到小小的坎坷和挫折，就恨不得马上放弃努力，只想享受，而不愿意有任何付出和坚持。毫无疑问，这样的人生不会如愿以偿地得到更好的成长和发展，更有可能遭遇各种挫折和磨难，甚至一蹶不振。人生经不起抱怨，生命的时光是非常宝贵的，与其浪费宝贵的时间去抱怨，不如提升自己，让自己在生命之中拥有更大的主动权，获得更多的收获和成长。

麦子在选择另一半方面一直很挑剔，转眼到了三十而立的年纪，自然没法用从容的心态去继续精挑细选，也觉得自己的确该结婚了，于是就与刘刚携手走入了婚姻的殿堂，当时她想：只要结了婚，从此之后再也不用面对七大姑八大姨的催婚了。

然而，婚姻生活并不像麦子之前想的那么简单，绝不是找一个人嫁了，搭伙过日子，合伙做饭吃。最初的裂痕出现在麦子生孩子的时候，因为骨盆狭窄，胎儿巨大，麦子面临难产，但是这种情况下，守候在身边的刘刚迟迟不愿意在剖腹产同意书上签字，而是给远在老家的父母打电话。婆婆说：“剖腹产对孩子不好，还是顺产吧！”就这样，麦子疼得死去活来，眼看着就要有生命危险，就连医生都对刘刚吼起来，刘刚才极不情愿地在剖腹产手术书上签字。在此之前，他坚持顺产，并且告诉医生要先保孩子，再保大人。在疼得死去活来的间隙里，意识模糊的麦子对这句话印象深刻。

坐月子期间，婆婆从老家赶过来照顾，丝毫不考虑麦子的身体恢复情况，就开始逼着麦子喝猪蹄汤、母鸡汤、鱼汤、虾汤等各种汤。麦子不想喝，婆婆毫不掩饰地说：“必须喝汤啊，不喝汤，我的大孙子吃什么呢？孩子就要吃母乳才好，身体好，强壮，抵抗力强。”麦子无语，不想和婆婆吵架，就把头别到一边掉眼泪。有一次，麦子实在不想喝汤，就让刘刚帮她喝，刘刚也毫不留情地说：“捏着鼻子喝，别把我的大儿子饿坏了。”麦子的产后抑郁越来越严重，才生完孩子半个月，她就打电话给自己的妈妈，让妈妈赶紧来救她。妈妈不知道出了什么事情，和爸爸连夜赶到麦子身边，看着神情落寞、郁郁寡欢的麦子，妈妈心疼不已，当即决定留下来照顾麦子。婆婆不乐意，整天甩脸子给妈妈看，妈妈却装作没看见，还私底下告诉麦子：“一定不要在月子里落下病根，否则一辈子都痛苦。”满月之后，在妈妈的精心照顾下，麦子的抑郁症好了很多。原本想就这样凑合过下去的麦子，看到刘刚更多的缺点、自私，最终决定和刘刚离婚。

如今，随着婚姻自主，越来越多的年轻人对于婚姻的态度更加自由。喜欢的就在一起，不管父母是否反对，不合适的就离婚，也不管父母是否支持。可以说，婚姻自主是时代的进步，但是作为年轻人，不要把婚姻当儿戏。在如今的时代里，即便作为女性也有了独立生存的能力，不再像封建社会一样坚持女子无才便是德的错误思想，把自己变成男性的附庸品。所以女性完全可以有的放矢经营好人生，也可以全力以赴做好自己，唯有如此，她们才能活得更自我、更精彩。

当然，不是说让每一个女性在面对人生困境的时候都选择放弃。婚姻中，两个原本陌生的人从遥远的距离中彼此相向而行，走到一起，谁都不了解谁。等到相互了解和理解，就携手走入婚姻的殿堂，但是婚姻并不是那么容易经营和维护的。有人以为爱情就是婚姻唯一的基础，实际上，婚姻要想维持下去，只有爱情是远远不够的，还要有很多其他方面的协调融洽，也要把灼热的充满激情的爱情，转化为平淡的浓情深厚的感情，这样才可以让婚姻变得更加稳固。所以当在婚姻中出现问题的时候，如果确定日子没法继续过下去，那么就好合好散，各自去寻找属于自己的幸福。如果意识到问题可以解决，那么就要付出足够的耐心和坚持，这样才能在婚姻之中以正确的态度面对和处理好各种问题，这是至关重要的。任何时候，都不要对于爱情和婚姻有不切实际的幻想，生活不是琼瑶剧，不会充满那么多的浪漫和柔情蜜意，再美好的爱情最终也要落实到柴米油盐中，唯有沾染烟火气息的爱情，才能够在我们生命的历程中有更美好的呈现，也才能够让相爱的人彼此包容和理解，圆满地携手走完一生。人生不是儿戏，更不可能让所有人都百分百满意。我们要怀着理性的态度面对人生，也要以更加宽容和接纳的态度，让自己对于人生足够宽容，足够理解，这样的人生才会循序渐进得到圆满，最终获得好的结局。

放纵的人生难逃毁灭的厄运

人生不如意十之八九，在生命的历程中，很多人都对人生不那么满意，甚至因为在人生中遭遇困境和磨难，而对人生采取放任自流的态度。殊不知，幸福的人生都是相似的，不幸的人生却各有各的不幸。任何时候，我们都要坚持在生命的历程中有更好的表现，也要全力以赴经营好人生，绝不轻易放弃，这样才能扼住命运的咽喉。著名的音乐家贝多芬创造的《命运交响曲》打动了无数人的心，而实际上，贝多芬的一生充满了坎坷，甚至在晚年时期失去了听力。对于一个以音乐创作为生的人而言，失去了听力，可想而知意味着什么，但是贝多芬没有气馁，而是更加努力向前，坚持创作。在这样的情况下，他创作了许多经典曲目，赢得了无数人的尊重和热爱。试想一下，如果贝多芬在失聪之后就放弃进行音乐创作，可想而知，他的人生就会戛然而止，未来也就不可能有伟大的成就。

古往今来，无数伟大的人之所以能够做出了不起的成就，就是因为他们在面对人生的各种厄运时，始终坚持不放弃，始终与命运抗争。只有扼住命运的咽喉，我们才能真正主宰命运，只有在生命的历程中决不放弃，我们才能驾驭人生。俗话说，生命不息，折腾不止。对于每个人而言，生命的机会都只有一次，不会重来，也不可逆转，更没有彩排。为此，要想活出个样子给自己看，我们就必须管理好自己，在任何情况下都始终坚持，决不放弃和懈怠，这样才能让自己在生命的历程中有更出色的表现，也有出类拔萃的成就。

看到这里，也许有些朋友会说，我的人生我做主，我有权利决定自己如何生活，也有权利决定自己要度过怎样的人生。的确如此，每个人都是这个世界上独一无二的生命个体，每个人对于成功都有自己的憧憬和渴望。成功从来不需要别人去下定义，也不要去模仿别人或者传承谁的理想、志向，成功只为自己。哪怕是很小的孩子，也是一个独立的生命体，他们尽管因着父母来到这个世界上，在父母的精心照顾下生活，但是却不依附于父母，也不是父母的私有物。孩子有权利选择自己的人生，也有自由在生命的旅程中翱翔。一个人可以去云南的某个边陲小镇过闲云野鹤的生活，也可以在大城市里每日如同旋转不停的陀螺一样打拼，这都是他自己的选择，与别人没有关系。但是有一点可以肯定，不管是选择安逸舒适的生活，还是选择在江湖上行走，每个人都不是完全孤立存在的，而是在人群中生活的，因此所有的言谈举止都要符合法律的规定，也不要违背道德和良知。

近几年来，明星因为吸毒被抓住的事情发生了好几起。不得不说，和普通人相比，明星是公众人物，受到更多的监督，而且也因为有很多财富，所以导致一些明星常常会肆意放纵自己。明星的钱也是辛苦赚来的，但是一旦开始涉及吸毒，危害社会的公共安全，那么就会受到粉丝的强烈抵触，也会被社会所谴责。前几年还不时有曝出明星偷税漏税的行为，着实让大家很吃惊。

一个人真正的价值不在于创造或者拥有多少财富，而在于不被金钱奴役，能够驾驭金钱为自己的人生增光添彩。巴菲特、比尔·盖茨等人，在有了大量财富之后，不但足额交税，而且还会拿出大量金钱来帮助世界上那些困难的人。他们的慈善事业发展到全世界，而没有局限在自己的国家，这就是他们人生大格局的表现。

不管是吸毒，还是偷税漏税，都是不应该做的，都是虚度和放纵人生的表现，也因此成为毁灭人生的罪魁祸首之一。作为普通人，我们要有自我控制能力，从而把自己的言谈举止管理得更好，这样才能在人生之中遭遇困境和磨难的时候更勇敢，才能在人生得意的时候绝不轻狂。

时光是很宝贵的，如果平白无故地浪费时光，就会导致人生悄然流逝，却没有取得应有的成果和收获。只有珍惜宝贵的生命时光，只有争分夺秒，把每一分每一秒都用在该用的地方，我们才能以更内敛的态度面对人生，才能真正主宰和驾驭自己。除了吸毒和偷税漏税之外，人生中的很多事情都会成瘾，而一旦成瘾就意味着对自己失去控制。众所周知，适量喝酒可以促进身体的血液循环，让身体更健康，然而，有些人偏偏严重嗜酒，导致变成酒精脑，每天都迷迷糊糊的，甚至神思不清。这样一来，不但给自己的身体造成严重的伤害，也会给身边的人带来困扰和伤害。这样放纵的人生，常常会导致人们彻底毁灭。

从生理的角度而言，每个人只需要很少的物质就可以维持生命的正常运转，但是偏偏有很多人会对生命有更多的欲望，也导致自己陷入欲望的深渊。要想主宰和驾驭人生，我们就要坚持极简的生活方式，懂得约束和控制自己，也知道合理降低欲望，从而把更多的时间和精力用在该用的地方，让自己的人生更加充实而有意义。人生经不起挥霍，哪怕是对于一个孩子来说，生命的时光同样宝贵且值得珍惜，因此我们绝不要在人生中放纵，而是要管理好自己，让自己成为自己理性的上帝。

人到中年，你得到自己想要的人生了吗

记得在中央电视台的一则广告中，以动画的形象展示了人的一生：刚刚出生的婴儿是四条腿着地，在地上爬来爬去；随着不断的成长，孩子们学会走路，也渐渐地长大成人；等到人生暮年，白发苍苍，人们就开始拄着拐杖，变成了三条腿走路，而且弯腰驼背，尽显老态。几个动画形象，就概括了人的一生，让人感受到生命的无奈和光阴的流逝。那么，当我们走过孩童和青春时光，到了中年，是否该对前半生进行总结和反思，而对后半生进行畅想和憧憬呢？写到这里，突然想起了马伊琍和靳东主演的《我的前半生》。的确，人人都有前半生，也有后半生，而到了中年，正是处于前后半生的交界点。

细心的朋友会有这样的感受，那就是周一、周二的时间都过得很慢，工作那么辛苦，每天那么疲惫，时间就显得更加难熬。然而，一旦到了周三，就会觉得一周的时间已经过半，剩下的周四和周五都很好过了，而周末两天更是转瞬即逝。这是为何呢？是因为当时光过去一半，剩下的时光在给人的感觉上就会流逝得更快。但是从本质上来说，时间不管何时都不曾快一分，也不曾慢一秒。即便如此，人到中年，我们还是要产生急迫感，这样才能有的放矢经营好人生，也提前做好人生规划。

人到中年，我们一定要问自己：我得到自己想要的人生了

吗？我距离自己的梦想是更近了，还是更远了？我怎样才能坚持实现理想呢？实际上，这些问题一直都存在，并不因为人生过半才存在，只是人们在人生过半之后，会产生紧迫感和急切感，也会更想反思自己的人生表现，从而让自己有的放矢规划未来。

你想拥有怎样的人生？你想成为怎样的中年人？人到中年，那些曾经处于相同起点的人都进入分化阶段，人生变得截然不同，这一点可以从同学聚会上得到呈现。通常情况下，大学的同学聚会，同学们彼此之间的差别不会特别大，而是呈现出稳定的集体发展态势，而如果是初高中同学聚会，则同学们之间简直有着天壤之别，每个人的人生都大不相同。为此，我们一定要改变迷惘的人生状态，从而才能在生命历程中有更好的表现，也才能在面对人生未来的时候，有的放矢，勇往直前。

当然，每个人对于成功的定义也是不同的。有人觉得赚到钱是最重要的，有人希望自己可以升官掌权，有人只想过好自己安稳的小日子，还有人希望自己的人生轰轰烈烈。每个人对于人生都要有理想，也要有状态，更要有规划。年幼的时候，我们始终都在学习，希望以知识铺垫人生的底色。随着不断成长，我们变得越来越充满智慧，这智慧来自在生活中的亲身体验，来自在生命历程中的坚持和无所畏惧，也来自人生的各种畅想和渴望。很多父母都会犯一个错误，即常常把自己在人生中的心得感悟告诉孩子，误以为这样一来孩子就不会再走弯路，其实不然。孩子当然也会在人生中走弯路，因为他们的人生无人能够取代，而父母的一切经验只可以给孩子作为借鉴，却不能完全成为孩子的人生之路。不撞南墙不回头，是大多数人在人生之中跌跌撞撞前行的明显表现，我们要原谅自己不曾轻信，而是凡事都必须亲力亲为去经历、去感受。因为每个人都是这么走过来的，每个人都有这样的人生经历和经验。

青春年少的好时光里，人人都有一颗骄傲的心，恨不得在生命之中一步登天，到达人生的胜景。而随着不断的成长，随着时光的流逝，我们对于生命的理解和感悟更加深刻，知道自己不管再怎么努力也逃不出命运的手掌心，既然如此，我们还有必要努力吗？当然有。即使不能彻底逆转命运，实现人生的逆袭，我们也应该竭尽全力做到更好，这样才能有的放矢经营人生，无所畏惧面对未来。付出不要奢求马上得到回报，努力也不要梦想着立刻就能换取成功，只有不断地努力前行，只有决不放弃地坚持，我们才能在人生道路上走过一程又一程，实现人生的完美蜕变。

人到中年，你是更喜欢自己了，还是更讨厌自己了？如果说幼年时对于人生的理解和感悟没有那么深刻，甚至在懵懂无知的状态下度过，那么人到中年，则对于人生有了更深刻的了解，也朝着人生的深处更走近了一步，我们就应该有更加明确的目标和方向，也要选准以怎样的方式面对和经营好人生。爱自己，真心喜欢自己，对于未来充满了希望和憧憬，这才是一个中年人该有的最好状态。

人生何时开始都不晚

现实生活中，常常有朋友会说“可惜啊，错过了好时机”“可惜啊，我已经老了”“可惜啊，我这个年纪不再适合做”……人生为何会有这么多的可惜和遗憾呢？就在于你迄今为止仍在延续的错误上，那就是拖延。人生何时开始都不晚，最糟糕的是，我们觉得晚了，并且因为觉得晚了而选择了放弃。这样一来，我们虽然避免了失败，但也彻底与成功绝缘。和失败相比，无所作为是更加糟糕的，因为即使失败也可以得到经验和教训，而无所作为则会导致止步不前，甚至被人生远远地甩下。

在美国的一个农户家庭里，摩西奶奶出生了，她的家里很穷，她的父母有10个子女，为此摩西奶奶长大之后就开始四处做工，帮助家里减轻负担。做工之余，她最喜欢做的事情就是刺绣，她喜欢把看到的那些风景都绣成一幅幅画卷。后来，摩西奶奶嫁人了，和妈妈一样也生育了10个孩子。在人生之中的大多数时间里，她都为了家庭生计而操劳，只有很少的时间刺绣，但是刺绣依然是她的最爱。到了晚年，摩西奶奶因为膝盖不好，无法继续刺绣，为此感到很遗憾，也很落寞。这个时候，其中一个女儿告诉她："妈妈，你不能刺绣了，可以画画啊！"在女儿的支持和鼓励下，摩西奶奶在70多岁高龄时拿起画笔，开始画画。

她很喜欢画画，画得多了，她就会把画作放在村子里的小卖铺里代卖。有一次，一位收藏家在小卖铺里看到摩西奶奶的画如获至宝，当即把所有的画都买了下来，并且带到自己的藏馆里进行展览。出乎这位收藏家的预料，很多人都特别喜欢摩西奶奶的画，因为在摩西奶奶笔下，一切都显得那么美好和真实。后来，摩西奶奶开了画展，成为举世闻名的画家，一则是因为她画得很好，二则是因为摩西奶奶在高龄成为高产画家，仍孜孜不倦，笔耕不辍，这种精神实属难得。

在日本，也有一个老人在70多岁的时候才开始学习登山，后来以世界最高龄的年纪成功登顶富士山。人生何时开始都不算晚，想想吧，摩西奶奶70多岁才开始当画家，日本的老奶奶70多岁才开始学习登山，作为年轻人的我们，还有什么是做不到的呢？遗憾的是，现实生活中总有些人以为自己30几岁就不适合学习了，40多岁失业就不能再找工作了，甚至觉得自己小时候没有培养兴趣，没有发展爱好，等到长大之后，也就不能再学了。其实不然，人生何时开始都不算晚，唯有让自己更加理性做好该做的事情，在人生之中有更好的成长，才会有更好的发展和未来。

云南红塔山集团曾经的当家人褚时健老人，年逾古稀因为一时贪婪犯下受贿罪，锒铛入狱，还牵连了女儿也遭遇牢狱之灾。他入狱没多久，就传来女儿在监狱中自杀的消息，这可是他唯一的女儿啊，然而，他没有放弃生命。后来，被判终身监禁的他因为严重的糖尿病保外就医，当时已经70多岁。很多人都以为他应该安享晚年，但是他却扛起锄头，承包了荒山，和老伴一起去开辟荒山，种植橙子。熟悉橙子生长规律的人都知道，橙子从栽种下去到结果，至少要6年的时间，这也就意味着等到橙子丰收的时候，褚时健老人已经八十有余。即便在如今医疗条件这么好的情况下，八十几岁也是长寿，如果寿命短，根本活不到八十几岁，况且褚时健老人还有严重的糖尿病以及并发症。大家纷纷劝说褚时健不要再折腾，好好享受晚年生活，但是褚时健老人不为所动，而是和老伴毅然决然扛起锄头上山。几年之后，橙子丰收，褚橙的品牌创立，褚时健老人又创造了几千万元的财富和价值。

褚时健老人在饱经命运磨难之后都不觉得自己的人生到了风烛残年，才二十几岁、三十几岁甚至四五十岁的我们，有什么理由说自己已经老了，做任何事情都晚了呢？人生何时开始也不晚，如今越来越多的老人明白了这个道理，他们在退休之后去学习绘画，上老年大学，也和伙伴们结伴旅游，总而言之，就不赋闲在家，而是始终都充满斗志、充满活力地在人生的道路上奔跑。俗话说，人老心不老，对于每个人而言，最可怕的不是真的老了，而是内心失去了对于人生的希望和精神。即使从年纪上来说已经老了，但是只要内心保持纯真，对人生有更多的力量，那么我们的人生就可以无限年轻下去。从现在开始，再也不要说自己已经老了，人生何时都不老，重要的是要有一颗赤子之心，在生命的历程中始终坚持向前，绝不轻易放弃和懈怠！

你恨曾经的自己吗

在心理学领域，有个大名鼎鼎的成功定律，就是一万小时定律。一万小时定律告诉我们每个人只要坚持去做一件事情，全身心投入，绝不轻易放弃，那么就会在一定时间之后获得成功。当然，一万小时只是一个概述，根据每个人的情况和事情发展的实际状态，一万小时也许会变得更长，也许会变得更短。重要的在于，我们要能够做到持之以恒去做一件事情。

具体而言，一万个小时，按照每天8个小时计算，没有节假日，是3年多的时间。而如果按照每天3个小时计算，没有节假日，要10年的时间。由此可见，尽管坚持一万个小时就能获得成功，但是真正能够做到的人却很少，正是因为如此，才有那么多的人都很平庸，远离成功。人生，有几个10年可以度过呢？20岁之前，大多数孩子都在学习，从60岁之后，都是人生暮年，体力和精力都远远不及年轻的时候。甚至有些人从50岁就表现出精力不济的样子，为此真正的青壮年也就是50岁以前。如此说来，人生中最绚烂精彩的时光，只有三个弹指一挥间的10年。

人生的前20年是很重要的，如果不努力学习，努力成长，那么就注定20岁之后的人生会很难过。人生正值壮年的3个10年也至关重要，这正是为人生打基础的关键时期，如果荒废了这3个10年，那么在50岁之后，人生就难以避免走下坡路，这种情况下即使想和年轻人一较高下也会心有余而力不足。为此，一定要让人生先苦后甜，先付出，再收获。这样的人生才会越过越好，也才能避免到老年的时候充满无奈、无力和沮丧。

前文说过，人到中年，很多事情都已经成为定局。当你在二十几岁的年纪里走出校园，对于人生充满无限憧憬与渴望的时候，你会如何要求自己？工作之初，你也许会像打了鸡血一样每天都精神抖擞，有用不完的精力，甚至连睡觉都觉得在浪费时间。但是，当你发现现实与理想之间的距离，当你认识到现实的残酷和无情，你就会感到很沮丧，很抑郁，你甚至一下子就像泄了气的皮球一样，觉得自己不管如何努力都无法改变命运，那么还有什么必要去坚持呢？每当产生这种感受的时候，你一定要慎重，因为这种感受非常危险，很有可能让你变得悲观、沮丧和绝望，也很有可能让你觉得无奈、犹豫和彷徨。人生经不起任何犹豫和迟疑，虚度的光阴最终需要我们付出代价，为此我们要彻底戒掉拖延症，在人生的道路上开足马力向前，而不要总是迷惘和落魄，更不要茫茫然不知道前路在何方。

试想一下，人到中年，三十而立还算是年轻人，四十不惑已经踏入中年，如果还和很多刚毕业的年轻人一样住在拥挤的出租屋里，在大城市头顶没有片瓦，脚下也没有立锥之地，则内心的悲凉和凄惨是无处诉说的。人生在每个阶段都有每个阶段的任务，也有应该呈现的模样，作为毛头小子奋斗的时候无论多么艰难都是理所应当的，而如果已经年届不惑依然没有稳定下来，依然在生命之中犹豫徘徊不知道该去往何方，不得不说是一种悲哀。作为中年人，当没有如愿以偿得到自己想要的生活，内心除了苦涩之外，还有什么感触呢？也许就是憎恨。憎恨10年前的自己为何不努力，要给10年后的自己造成这么大的困扰和无奈。也曾有年轻人抱怨小时候的自己为何不学习一项才艺，这样在长大成人参加工作的年会上就可以一展风采。时光从来不可逆转，人生更不可回头。如果说小时候的我们还是年幼无知的孩子，无法为自己的命运做主，那么20岁、30岁的时候，我们都已经真正成人，有自己的思考和对于人生的权衡。延误又是为何呢？只能是因为懒惰，是因为拖延成性，也是因为对于人生没有更多的理想和动力。

人生中最糟糕的情况不是落后，也不是失败，因为暂时的失败会导致暂时的落后，只要坚持努力向前，这一切都是可以改变的。最可怕的人生状态是停滞不前，正如人们常说的，人生如同逆水行舟，不进则退，如果人生始终停留在原地，那么就会被生活远远地甩下。所以面对人生的任何境遇，我们该做的事情都是一样的，那就是怀着对于生活的热望，努力尝试，决不放弃，即使失败也不畏缩、不怯懦，而是依然坚持做好自己该做的事情。这样的人生，才始终充满动力，始终都有改变，也才可以给人以希望和未来。

不可否认的是，在漫长的人生之中，几乎每个人都面临各种选择，有的选择让我们得到，有的选择让我们失去，有的选择让我们承受挫折和打击，有的选择则帮助我们成长。固然，我们都想有好的选择，但是现实在很多时候都是非常残酷和无奈的，我们不能完全按照自己的心意去生活，就只能无奈被动地作出牺牲。在这种情况下，我们要学会取舍，有的时候得到就是失去，有的时候失去也是得到，只有明智理性作出相应的选择，我们才能经营好人生。如果不想变成自己所讨厌的样子，如果希望自己的人生有更好的成长和发展，从现在开始，我们就要全力以赴经营好人生，也要在作每一次选择之前都问清楚自己的内心：我想要怎样的人生？当对于这些问题的回答更加明确，更加理性，我们也就有了更强大的力量把握人生，也可以坚持在人生之中做到更好。

人生总是要一步一步变得更好。好莱坞著名影星史泰龙之所以能够成为电影明星，最初只是因为他想要远离自己出生和成长的贫民窟，想要给自己的人生更好的生存环境。俗话说，人往高处走，水往低处流。在生命的历程中，只要我们不放纵，始终都在坚持进取，我们最终也会距离自己梦想的生活越来越近，也会与自己理想的人生更加亲近。只有今日坚持努力，10年后，你才会对自己轻轻地说：“亲爱的，感谢你曾经的坚持、不放弃！亲爱的，感谢你给了我如此美好的今日之人生！”

第 09 章

大多数的穷困潦倒，都是咎由自取

当人生穷困潦倒，你未免会怨声载道，抱怨自己没有天赋，没有好运气，甚至经常倒霉。为此，你总是羡慕他人，觉得他人肯定是上辈子拯救了银河系，才有这样的好运气，才能在生命之中总是与好运相伴而行，也才总是在人生的历程中得到贵人相助，也理所当然赢得人生的收获与成功。殊不知，这个世界上大多数的穷困潦倒都是咎由自取，而大多数的光鲜亮丽都是蓄谋已久的一场奔袭。如果你既没有勇气去拼搏，也没有力量始终坚持，还有什么资格抱怨生活从来不如你的意呢？

没有人会无限度包容你

在这个世界上，有谁会无限度地包容我们？除了父母对待年幼的我们可以做到无限度包容和无条件付出之外，仔细想想，一定不会再有别人。然而，即便是父母对于我们的包容，也仅仅局限在我们年少不更事的时候，有朝一日当我们长大成人，可以主宰自己的人生，也可以与父母比肩而立，父母还会继续包容我们吗？当然不会，因为这样的包容会变成纵容，不但对于我们的成长和进步没有任何帮助，反而会导致我们在生命的历程中变得越来越被动，甚至无法主宰和掌控人生，这样的状态下，我们当然会不可避免地失败。因此，我们要避免这种情况的发生，让自己成为一个不需要他人无限度包容的人。

自从推行独生子女政策以来，大多数家庭都响应号召只生一个孩子。然而，父母把所有的心血和关注力都投注到孩子身上，渐渐地，孩子就会养成以自我为中心的坏习惯，甚至觉得整个宇宙都要围绕自己转。他们习惯了父母的有求必应，即使有朝一日走出家门，走上社会，依然觉得所有人都要礼让自己。殊不知，这样的理想是根本不可能实现的。尤其是在如今竞争激烈的职场上，一个人就算是刚刚从大学毕业走上工作岗位，只要成为正式的职场一员，就要与所有人平等，受到同样的对待。哪怕是在工作中与即将退休的老员工合作或者竞争，也不能叫苦叫累，更不能抱怨。因为这就是职场，没有人拿你当孩子，也没有人时刻想到你是一个缺乏经验的应届毕业生。既然踏足职场，你就要以树的形象出现，而不是一根无骨的藤。

俗话说，别人帮你是人情，不帮你是本分。想明白其中的道理，我们就不会对他人提出苛刻的要求。甚至包括父母在内，面对已经长大成人的孩子，也不要总是无条件满足和迁就，因为过度的溺爱对孩子不是爱，而是最大的害，必然导致孩子将来走上社会无法更好地生存，甚至会遭到人们厌恶和唾弃。因此，明智的父母任何时候都不会随便迁就孩子，而是会根据孩子的成长阶段，对孩子提出适度的要求，从而给孩子循序渐进的过程适应残酷的社会生活，也让孩子知道在这个世界上想要生存下来是多么艰难，从而既做好准备走入社会，也对父母的付出怀有感恩之心，可谓一举两得。

近些年来，很多高校都曾发生过杀人案，而且受害者与施害者往往是同一个班级的同学，或者是同一个宿舍的舍友。他们本来应该是情谊深厚的同窗好友，为何会突然发生这样的意外和恶性事件呢？经过对案情的了解和分析我们不难发现，大多数校园里的恶性案件，尤其是那些同窗相残的事件，都与孩子们的以自我为中心、自以为是、不顾及他人的感受密切相关。作为父母，如果能够在养育孩子的过程中，引导孩子多多为他人着想，也教会孩子如何友善地与身边的人相处，相信孩子未来走上社会，融入集体生活，会更加容易。当年，马加爵杀人事件震惊全国，其杀人原因仅因为打牌时发生口角，可见，学会与人相处是很重要的，尤其是孩子，习惯了与父母相处，习惯了接受父母的照顾，因而往往不知道如何与他人相处。而人际相处能力是非常重要的一项能力，是不可或缺的基本素养。

当你走出家门，走入社会，当你告别童年，不断成长，没有人会永远包容你。每个人都要有正确的自我认知，摆正自己的位置，才能在成长的过程中不断地努力进取，才能在人生的道路上有更好的进步和成长。当然，要想驾驭自己，控制好情绪也是至关重要的。很多人因为一时冲动做出让自己懊悔万分的事情，遗憾的是这个世界从来没有卖后悔药的，人生更不可能重来。因此，培养自控力是关键，只有控制好情绪的人，才是真正的人生强者，才能真正地驾驭人生。

穷困潦倒的人都有可恨之处

贫穷固然不是罪过，但是如果一直贫穷，或者是因为自身缺乏致富的欲望，也不愿意努力，而导致始终与贫穷相伴，那么这样的贫穷就是咎由自取。尤其是在如今这个时代里，机会很多，不管是辛苦工作赚钱，还是想要创业发财，都有很多的机会，重要的是我们要处处留心，这样才能拼尽全力把一切都做好。

在这个世界上，有很多清高的人，他们之中有的人是真清高，有的人是假清高。所谓假清高，就是他们明知道离开了钱不行，也恨不得赚到更多的钱，但是却不愿意把自己的真实想法说出口，而常常叫嚣“我才不为五斗米折腰呢”。那么请问，你不为五斗米折腰，你要活下去吗？尤其是在如今没有钱寸步难行的情况下，如果不能活下去，还何谈理想、梦想，一切都会成为浮云。正如人们常说的，在这个世界上，钱从来不是万能的，但是没有钱却是万万不能的。在人生道路上，离不开钱的陪伴，因为钱可以做很多事情，是人生脊梁的支撑。做人，最重要的是真实，千万不要和吃不到葡萄就说葡萄酸的狐狸一样。就算你吃不到葡萄，葡萄也是美味的水果；就算你赚不到钱，钱也是好东西，这一点毋庸置疑。

人生之中，不管面对怎样的困境，我们都应该勇敢面对，而不要采取逃避的态度。对于所有的问题，逃避都是无奈的举措，只有勇敢面对，理性思考，全面权衡，才能找到合适的方法解决问题，也才能有的放矢把该处理的问题都处理好。现代职场竞争如此激烈，很多用人单位都求才若渴，因此真正的怀才不遇根本不存在。常言道，怀才就像怀孕一样，时间久了总是能看出来的。为此，我们一定要发挥自身的才华，用实力为自己代言，这样才能让自己有更好的成长与发展，也才能让自己摆脱穷困潦倒的困境。

尽管生存的压力空前巨大，竞争的激烈程度前所未有，但是不可否认的一点是，我们依然生活在最好的年代里。一个真正有才华的人，没有必要自诩为不修边幅的艺术家，顶着十几天没洗的头，穿着已经散发馊味的衣服，就这样在人生之中沉沦，时不时地牢骚满腹。实际上，真正怀才的人都已经脚踏实地开始奋斗，他们知道酒香也怕巷子深，真金也怕火来炼，只有证明自己的实力，坚持自己的理想和梦想，才能让自己活得与众不同，绽放出别样的光彩。

在这个时代里，圈子和层级依然存在，所谓物以类聚，人以群分，虽然社会没有阶层，但是这种人群适用原则，却让人们彼此之间不自觉地相互吸引，或者相互排斥。对于自己根本就不屑一顾的圈子，没有必要去争执，也没有必要起毫无意义的纷争，融入真正属于自己的圈子里，你才会发现自己与身边的人有了更好的互动与交流。而那些自甘沉沦的人，总是如同一个愤青一样愤愤不平，说着不符合时代潮流的话，还自以为是彰显个性，只能说这其中蕴藏着深刻的悲哀，也只能说这样的人生会让人降低不知道多少个层级。

人生没有套路，成功没有模式。与其浪费宝贵的时间在生命中沉沦，不如有的放矢地发挥自己的特长和优势，让自己在人生中绽放更加异样的光彩。否则，白白浪费了生命的时光不说，还会导致人生陷入更加被动的困境中无法自拔，岂不是失去更多，损失更大吗？毋庸置疑，每个人都想成功，但是成功从来不是一蹴而就的，也不是从天而降得来的，而是靠着勤奋辛苦的努力，点点滴滴积累才能够获得的。任何时候，人生都没有回头路可以走，时代的大潮更加快速地向前奔涌，只有不断地努力，真正去坚持，人生才能迎来柳暗花明，也才能守得云开见月明。

如果你对于自己此刻的生活和人生并不满意，不要忧伤，不要焦虑，更不要抱怨，而是要理性地反思和认识自身，也要有的放矢地发挥自身的实力，只有这样不卑不亢，只有这样专心一意，我们才能在成长的道路上收获更多，成长更多。此外，还要杜绝仇富心理，因为我们不可能要求所有人都与我们一样落魄。何不多多结交一些事业有成的朋友呢？也许他们的成功会感染和激励你，让你在奋斗的道路上绝不懈怠，也许他们的收获会让你振奋精神，从失败中崛起，再接再厉。每个人生活得好与不好，并不完全取决于命运，而是与他们对于人生的努力程度、付出多少密切相关的。因此，要想改变命运，把控人生，最重要的是从现在开始做起，给予人生更美好的未来，更快速的成长！

朋友圈里的你是真正的你吗

电子产品的普及给人们的生活带来了极大的便利，然而，不知道从何时起，电子产品也绑架了人们的生活。在搭乘公共交通工具的时候，如果你认真观察，就会发现大多数人都正在低头看着手机，他们脸上表情专注，相信他们的精神也一定非常集中。他们都在盯着手机做什么呢？或者是在浏览网页上的新闻，看看明星的八卦消息，或者是在发自己的朋友圈，也有可能是在看别人的朋友圈。不得不说，朋友圈现在也成了一个重要的阵地，从普通人用朋友圈晒生活，到微商用朋友圈卖东西，很多人的朋友圈都没闲着，而是变成了一块有生意头脑的人寸土必争的好地方。当然，做微商的毕竟是少数，对于大多数普通人而言，朋友圈的作用就是晒自己。有的人晒娃，有的人晒美食，这还都是小晒，也有的人晒旅游、晒出国、晒车、晒房子。总而言之，朋友圈里晒什么的都有，你是否也加入了晒的大军，晒出自己来呢？

当你习惯了日复一日地晒，可曾静下心来认真想一想：朋友圈里的我真的是我吗？朋友圈里的那个人，是真的我吗？当你这样扪心自问，你会发现你很想给出否定的答案，因为你在朋友圈里实在过于高调，也把自己的人生粉饰得过于太平。如果现在有一个人从来不认识，只是通过朋友圈来了解和熟悉你，那么他一定误以为你的人生歌舞升平，顺遂如意。而你自己很清楚，你的人生千疮百孔，有很多事情需要你去面对，需要你去弥补，甚至需要你去改正。当你习惯了把生活变成两副面孔，一副是现实的生活，一副是朋友圈里粉饰过的生活，你就会在不知不觉间染上一种病：芝麻大的事情就赶紧发朋友圈，然后在发完朋友圈之后就是一遍又一遍地看着有多少人点赞，每当多了一个赞，你就心花怒放，每当点赞的数量变少了，你还会质问自己：是不是我最近人缘不好，还是这些人都看不到我发的朋友圈呢？总而言之，你变成了朋友圈的奴隶，你被粉饰过的自己的生活裹挟着，情不自禁朝前走，甚至失去了自己的梦想，也迷失了自己的人生。当你的心里只剩下朋友圈，当你的生活只剩下朋友圈，你还有时间去做自己想做的事情，感受人生的美好与曼妙吗？

人活着总是要有精气神的，但是朋友圈里的点赞，绝不能成为我们的精神食粮。还有些年轻人因为朋友圈里的赞变得神经过敏，是因为当没有看到预想的人给自己点赞的时候，他们会认为对方是故意的，转念一想对方没有必要这么做，如此想来想去，最终他们就会变得非常犹豫不决，举棋不定，白白延误了好时机。有这个时间，去做点儿什么事情不好呢？看朋友圈、发朋友圈看似并不需要太多的时间，而实际上，当专心学习或者工作的时候，突然看一下朋友圈，马上就会感到精神涣散，再想投入所有的时间和精力于学习中，就会很难。细心的朋友不妨进行一个实验，那就是离开手机一个上午去学习或者工作，和拿着手机时不时就看一下去学习和工作，效率将会相差多少。最终的结果一定会让你十分震惊，因为你从未想过手机居然如此影响效率。

依赖手机，沉迷于朋友圈，还会导致我们的时间被切割，变得零碎。这是因为在正常情况下，我们有大段的时间可以做很多事情，尤其是那些艰巨的事情，而当我们时不时地看看手机，我们的时间就会变得鸡零狗碎。正如大文豪鲁迅先生所说的，时间就像海绵里的水，挤一挤总还是有的。我们要想珍惜时间，珍惜生命，要学会把零碎的时间挤出来加以利用，这样才能提升对于时间的利用率，也才能真正成为人生的主宰，在生命的历程中有更好的成长和发展，也收获更多的果实。

因为朋友圈里的点赞，现代社会还衍生出一种新型的社交方式，那就是点赞之交。对于同样远近的朋友关系，如果我们给其中一个人点赞，而没有给另一个人点赞，那么很有可能会被没点赞的朋友秋后算账，甚至对方因此就默默地疏远了你，你却毫不知情，也不知道自己何时得罪了对方。因此，有些人不愿意被这样的友情捆绑和束缚，索性关闭了朋友圈，绝不给任何人点赞，这样倒也落得清净。然而，对于关系不远不近的人来说，如果能够给对点赞，似乎又可以在一定程度上拉近彼此之间的关系，这当然也是很重要的。因此，到底是赞还是不赞，似乎不是可以一刀切解决的问题，而是需要具体情况具体对待。

然而，朋友圈终究是虚幻的，在你把自己的生活粉饰太平之后发到朋友圈里的时候，你朋友圈里的人也正在这么做，你无法分辨这其中的真真假假。如果真的想结交知心的朋友，为何不能从虚无缥缈的朋友圈中，回到真实可触的现实生活中呢？看看早晨天边初升的红日那红彤彤的光，看看上班路上遇到的一朵小花，看看落雨的时候草叶上那晶莹剔透的露珠，你会感受到蓬勃的生命力迸发出来，也会感觉自己的内心充满了温暖和感动。

每个人都是这个世界上特立独行的生命个体，每个人都需要在生命的历程中不断地努力向上，才能更加证明自己，发掘自己的潜力，激发自己的潜能。但是，我们所精心包装出来的生活——专门用于朋友圈展示的生活，既不真实，也不惹人喜爱。有很多人在朋友圈里发了删，删了发，不停地折腾，持续地与自己较劲，实际上就是想要得到别人的认可。然而在此之后你终究会发现，你的生活从来不像在朋友圈里一样潇洒，你的人生也从来不像你想展示出来的那样真实可信。当你渐渐在这样的虚伪矫饰中变得空虚，为何不让自己回到现实中呢？现实尽管残酷，却与我们密切相关，朋友圈尽管美好，却只会让我们变得空虚，也会导致我们对于现实有更多的无奈。记住，朋友圈里的生活从来不比现实生活更重要，我们每个人都要活在真实之中，切勿自欺欺人。

人生不能太早安稳

在看冯小刚导演的《芳华》时，观众几乎马上就会被当时人们的精神面貌所深深吸引，他们是那样充满热情和激情，充满希望和渴望，为此不管做什么事情都全身心投入，非常专注，从不分心。和那个时代的人相比，如今的人们呢？尽管时代在发展，社会在进步，但是却有越来越多的人对于人生怀着厌倦的态度，似乎早已把所有的人生热情和激情消耗完了，接下来需要做的就是混吃等死，当一天和尚撞一天钟，日子好一点或者坏一点也都没有太大的关系。真的如此吗？

很多应届毕业生在找工作的时候，第一要求就是安稳、收入高、待遇好、旱涝保收。不得不说，这样对于工作的要求更适合几十年前的计划经济时代，大家都吃大锅饭，干得好不好，日子并不会相差多少，分房子也正是早晚先后的问题。即便如此，大家对待工作也很认真，也想争当先进。今天的职场，一个萝卜一个坑，一个人在工作上付出多少，与他们的收获往往是密切相关的。但是他们却不愿意努力付出，而只想找一个简单的、不操心的工作去做，这样才可以少操心，少出力，而过着哪怕不那么好却非常稳定的生活。这不得不让人质疑：如今的年轻人怎么了，这么年纪轻轻就缺乏拼搏和奋斗的精神，就像要提前过上退休的生活，事业如何能有起色呢？

俗话说，甘蔗没有两头甜，的确，对于每个人来说，如果先吃了甜的那一头，那么吃到最后就是不甜的，甚至是苦涩的。而如果想把甜蜜留到最后，我们就要先吃苦涩的那一头。人生也是如此，每个人在人生之中，都需要先努力奋斗，后享受。如果把奋斗与享受的先后顺序弄颠倒了，就会变成享乐在前，吃苦在后。所以，作为年轻人再也不要盲目追求稳定，因为你所谓的稳定只是无所作为，只是贪图安逸，必然导致你未来的人生道路越走越窄，越走越艰难。走得太容易的路，都是下坡路，走得艰难的路，都是上坡路。你是愿意在自己壮年的时候先走下坡路，老年吃苦，还是在自己壮年的时候努力向上，未来过更好的生活呢？明智的人当然选择后者，我们也要选择后者。

面对职业选择，我们一定不要在年纪轻轻的时候选择安逸，而是要怀有年轻人的意气风发和斗志昂扬，从而才能吃苦在前，享乐在后。在选择一份合适的工作时，要注意以下几点：第一，对于年轻人而言，找工作就是找平台，不要一味地盯着薪水高低，在薪水相差无几的情况下，当然是平台越大，对于年轻人的发展也就越有利。第二，避免过度加班，这不是因为吝啬力气，而是因为过度加班会导致私人时间压缩，而没有时间去提升和充实自己。其实如今的大学生从校园里毕业并不意味着学习的终止，而是意味着学习的开始，追求上进的年轻人要一边工作一边学习，才能坚持给自己充电，从而让自己更好地适应职场生活。第三，可以跳槽，但是不能滥用跳槽这个招式来寻找更好的平台。一个人如果频繁跳槽，就会给后面找工作设置障碍，给人留下不踏实不认真的印象，这样一来，还如何找到更好的工作呢？第四，如果公司总是和你谈情怀，那么你要小心了，因为没有任何一家企业可以靠着情怀生存，而只能靠着实力。也没有任何一家公司可以靠着企业精神和企业文化就留住人才，而是要靠着给人才提供更大的发展空间和更好的福利待遇。第五，还是要坚持学习。很多年轻人对于事业发展存在误区，觉得一旦参加工作就不能学习，其实不然。现代社会提倡终身学习，每个人都必须更加积极主动做好该做的分内工作，也要找机会做一些分外的工作，这样才能更加锻炼自己的能力，提升自己的实力。尤其需要注意的是，要对于世界的大格局和社会的大环境有所了解，如果一味地埋头苦干，脱离现实，则成长和发展就会非常缓慢。

总而言之，成长是缓慢的过程，没有人从一出生就见风长，每个人在生命的历程中都要经历人生的很多阶段，也要经历各种各样的事情，为此不要觉得成长很容易，而是要耐下心来面对人生，用心细致地面对成长，这样才能在成长的过程中不断地进步。天上不会掉馅饼，世界上也没有免费的午餐，我们必须更加做好自己，坦然接纳和面对人生的一切挑战，才能在奋斗的过程中激励自己努力向上，以拼搏和进取的精神，换来人生的柳暗花明。

越努力，越幸运

很多人都追求命运的公平，却不知道命运从不公平，而且这个世界上也从不存在绝对的公平。遗憾的是，大多数人都无法坦然面对人生的不公平，一旦遭遇小小的挫折与坎坷，他们就会怨声载道，也会感到灰心丧气，甚至完全放弃努力。不得不说，这样的人注定要与失败结缘，因为他们缺乏成功的品质和素质。与他们恰恰相反，那些总是能够获得成功的人，在生命的历程中不管遭遇什么，都会非常努力，而且还会坚持不懈奔向最终的目的地。正是因为有这种百折不挠的精神，他们才能突破人生的各种艰难困境，在人生之中更加坚持进取，也获得更多的机会。

失败不可怕，因为失败是成功之母，也有名人说苦难是人生的学校。人生从来不会顺遂如意，任何时候，我们都要更加努力进取，坚持不懈，才能冲破人生的重重逆境，才能在人生之中不断地成长。此外，努力的人也始终做好准备，等待人生机会的到来。当机会到来的时候，只有真正做好准备的人，才能抓住机会，而当一个人怨声载道、怨天尤人的时候，他是很难抓住机会的。因此，我们要做好准备，要全力以赴适应命运的逆境，也要真心地接纳那些不公平，这样才能有的放矢面对人生，才能无所畏惧畅行人生。

以前，人们看到那些成功者总是很羡慕，也会觉得成功者之所以获得成功，是努力的结果。但是如今有很多人特别浮躁，面对他人的成功，他们总是寻找外部的原因，例如，觉得某个人之所以成功，是因为有贵人相助，也觉得某个人之所以成功，都是因为交了好运气。殊不知，我们只看到了成功者的光鲜亮丽，却没有看到成功者在成功之前付出的艰苦卓绝的努力。任何时候，抱怨都不能解决问题，而只会导致贻误时机，或者使得事情的发展更加糟糕。理性、明智、积极的人，不会一味地抱怨人生，也不会总是在生命历程中感到失落。相反，他们常常振奋精神，鼓起勇气面对人生的各种不如意，从不懈怠，更不会自暴自弃。

不可否认的是，命运的确会眷顾一些人，在某些方面给予他们特别的优待。但是，大多数人都不在命运眷顾的范围内，就不要再因为没有得到命运绝对平等的对待而耿耿于怀。只有端正态度，保持平静的情绪，才能让自己保持理性，也才能避免被所谓的不公平激怒，从而更加保持理性的认知和态度，更好地适应生活，面对命运。

刘薇的家在陕西的一个穷山村里，父母都是面朝黄土背朝天的农民，家里生活很穷困。在读完专科之后，刘薇就来到大城市打工，先是在一家化妆品公司做销售，推销化妆品，后来她无意间听到朋友说去二手房经纪公司卖房子，会赚到更多的钱。因此，她马上去了二手房经纪公司，也开始了学习的过程。因为此前从未接触过和房产交易有关的事情，刘薇对于房产交易完全不懂。经过几个月的学习，她才掌握了房产交易的流程和相关知识，也因为勤奋，她在进入公司的第二个月就卖出了一套小房子。有了基本的薪资保障，她在这个行业里生存下来。不过，卖房子可比卖化妆品辛苦多了，风里来，雨里去，还经常被客户误解，甚至受到委屈。但是刘薇没有动摇，看着公司里的很多前辈都做得很好，她也下定决心要做到更好。

有一次，公司里来了一个老外要买房子，但是大家都不擅长英语，无法接待这个老外，因此老外只得摇摇头离开了。这件事情之后，刘薇意识到自己应该学习英语，否则以后再遇到老外客户，还是无法沟通和交流。有的同事看到刘薇这么辛苦，就劝说她："下次还不知道要猴年马月才有机会再遇到老外客户呢，有学英语的时间还不如休息下呢！"刘薇不以为然，继续勤学苦练。用了3年的时间，她过了英语八级，而且学会了商务英语。正在这时，有一家大型二手房经纪公司要去国外开展业务，刘薇当即辞掉工作，去那家公司应聘。听到刘薇说着一口熟练的英语，而且发现刘薇对于商务英语也很熟悉，这家公司当即聘用刘薇，让她做驻外总经理的高级助理，一起去海外开拓市场。就这样，当其他同事还在辛苦地奔波，带客户看房的时候，刘薇却摇身一变成为行政副总，和总经理一起奔赴海外市场。相信在未来，努力勤奋的刘薇还会有更好的发展。

说起公平，总有人会抱怨：为何有的孩子出生在有钱有势的人家里，一出生就含着金汤匙，而我们却只能出生在贫苦的人家里，一出生就起点很低，自己再怎么努力奋斗，也未必能够获得成功呢？的确，命运就是这么不公平，但是你却不能因为自己一出生起点太低，就放弃在人生之中坚持努力。

记住，命运已经不公平对待我们，我们对待自己一定要公平。那些爱抱怨的人其实还有一些听天由命的认命意味，所以他们对于人生才会一味抱怨，而不想去改变。真正的人生强者不管面对怎样的人生境遇，都会第一时间想办法改变，哪怕不能做到最好，也会全力以赴。

我们无法改变既定的命运，也无法左右和控制周围的世界，对于人生的各种遭遇，我们都要学会坦然接受，这样才能心平气和、心甘情愿去努力。正如普希金在《假如生活欺骗了你》之中所写的：假如生活欺骗了你，不要忧郁，不要愤怒；不公平时，暂时忍耐。要相信，快乐的生活总有一天会到来！假如你被生活欺骗，那就像普希金所说的那样鼓起信心和勇敢去面对，要相信精诚所至，金石为开。面对人生的强者，命运总会网开一面，甚至给予强者意外的惊喜和收获！也有一些朋友会与命运对抗，其实这是错误的做法，因为要想真正改变一件事情，首先要做的是接受，而不是排斥！就让我们接受命运的一切赐予吧，只有全心全意地接受，未来我们在人生中才会有更好的表现！否则，因为抗拒和排斥而扰乱了心智，因为想要的人生迟迟不来而导致自己陷入被动，只会使得一切更加糟糕！自己若改变，世界也随之改变，你的心已经改变了吗？

第10章

没有为梦想坚持过，哪算得上努力

梦想，是每个人的人生中一道耀眼的光。如果没有这道光，人生就会陷入未知的迷惘和困惑中，也会被伸手不见五指的一片暗黑包围。每个人都要有梦想，只有在梦想的照耀下，人生才能发光发亮，也只有在梦想的激励下，那些看似无法进行下去的坚持，才有了继续的理由和最坚强的借口。

为了破碎的梦想，也要坚持

在这个世界上，人人都有梦想，但是未必人人都能实现梦想。相比起那些幸运地实现了梦想的人来说，更多的人在追求梦想的道路上摸爬滚打，最终非但没有实现梦想，反而被梦想伤害得体无完肤。因此，他们难免会在有朝一日梦想彻底破灭之后，愤恨地说：“滚蛋吧，梦想！”看到这句话，是否会想起一个有着类似名字的电影——《滚蛋吧！肿瘤君》。不得不说，当肿瘤到来，同样会让人的梦想幻灭。除非有足够大的精神力量，我们才会在与肿瘤抗争的过程中始终坚持梦想，也才会在哪怕已经准备好与肿瘤同归于尽的情况下，始终不愿意向命运缴械投降，把每一天都当成生命的最后一天来过，也把生命的最后一天当成人生中的每一天来过。

那些破碎的梦想，并没有从我们的人生中剥离出去，因为很多时候那些因为不能实现梦想而苦恼的人，甚至到了古稀之年依然会想起未曾实现的梦想。原来在无数次梦和想的过程中，梦想早已变成了我们人生中不可或缺的部分，早已融入我们的生命和骨血。

我们从不谙世事时在父母的精心照顾下快乐成长，到有朝一日离开父母的身边融入学校的大家庭，再到有一天离开学校真正地步入社会，就一直与梦想相依相伴。很多人都会怀念自己曾经是一张白纸的日子，那么简单纯粹，然而步入社会又有什么不好呢？可以活出自己真正想要的样子，可以把自己对于人生的所有理想都变成现实。眼看着心底的种子开成了一朵朵花，想想就很美妙，但是这份美妙却不是凭空而降的，而是要靠我们不断努力奋斗和坚持前行，才有动力去实现。

即使是破碎的梦想，也依然是梦想，破碎并不能改变梦想的本质，就像一个花瓶即使被打碎了也会被称作花瓶的碎片一样。只有坚持梦想，人生才有更远大的未来，作为年轻人，谁还不曾有为了梦想而遭遇挫折的时刻呢？不忘初心，方得始终，任何时候，我们都要坚持梦想，都要实现哪怕是小小的梦想，才能距离远大的人生目标越来越近。

小方最大的梦想是当一个成功的商人，创造财富，这样就可以像他所崇拜的比尔·盖茨、巴菲特等世界富豪一样，帮助更多的人，实现生命的意义。然而，即便作为一个曾经品学兼优的“海龟”，要想在商海中浮浮沉沉，游到彼岸，也是一件很难的事情。小方归国之后想要开一家以读书为主题的咖啡屋，因为他在美国见到很多这样的咖啡屋，也被人们在知识海洋中遨游的安静专注所感动。因此，小方用他在英国读书和学习期间，辛辛苦苦打工攒下来的钱作为启动资金，在一条巷子里的偏僻一隅开了一家咖啡屋。这家咖啡屋且不说装修花了多少钱，只是那些淘来的书，就花费不菲。

小方还请了一个花艺师和一个调酒师，他的咖啡屋里有咖啡、西点、有情调的酒，还有不会散发出香味的轻食。然而，这样一间充满异域情调的咖啡屋，常常因为看书的人大声喧哗，喝咖啡的人大声争吵，而失去了固有的味道。每当这时，小方就会去提醒他们要悄无声息的，但是被提醒的人很不高兴，渐渐地来光顾咖啡屋的人越来越少。小方经营惨淡，入不敷出，只好选择关掉咖啡屋。一个梦想就这样在残酷的现实面前支离破碎，小方不知道该如何面对，颓废和失落了一段时间，决定还是要当商人，只是不再这么浪漫。为了增加经验，他去公司里上了一段时间的班，让自己更了解国情和职场现状，后来又开始天南海北地跑，只想做成自己想做的事情。

面对支离破碎的梦想，小方没有选择放弃，而是继续换一种方式去实现梦想，至少要先做到距离梦想越来越近吧！对于梦想，小方始终在路上，从未放弃和远离。实现梦想是早晚的事情，重要的是要有足够的耐心，要以顽强的毅力去坚持。

人生的道路上，没有人可以一蹴而就，尤其是当成功与梦想合体，想要获得成功就会更难。很多人误以为有房有车就是成功，其实，房子车子再昂贵，也只是生活中并不那么急需的物件而已，更重要的是，我们要保证生存，也要知道自己内心深处真正想要的是什么，这样才能在人生的道路上不断地努力前行，也才能在追求梦想的道路上始终不离不弃。记住，你梦想获得怎样的成功，坚持去做，你就会获得怎样的成功。梦想就在你的手掌心，人生就在你的把握之中，你，还在犹豫什么呢？

不要为了熬夜加班而浪费生命

在大城市生活，很多年轻人似乎在大学毕业之初对于加班深恶痛绝，但在职场中生存久了，渐渐地适应了加班的模式。一人吃饱全家不饿的他们，把加班作为习惯，一旦有哪一天不需要加班，还会觉得有些无聊呢！加班真的好吗？效果如何，效率如何，对于工作上的推动和促进如何？也有一些年轻人在朋友圈里晒加班，觉得自己只要在加班，就是在努力拼搏和奋斗，就是在让人生变得更加充实和有意义。实际上，熬夜加班只是浪费生命的一种方式而已，和努力奋斗有什么关系呢？

近些年来，在年轻人与中年人的群体中，猝死的情况越来越多。记得有一年春节，有个年轻人带着一家老小回家过年，在年后开车回到所生活的城市之后，一觉再也没有醒来。看起来，这样意外的死亡和疲劳驾驶有关系，实际上身体内部早已有隐疾。如今，有很多人处于亚健康状态，就是因为平日里工作压力太大，加班太多，又因为经常熬夜，作息没有规律，导致严重透支了生活。前段时间，洛阳的一位记者写的一篇文章在网络上被大量阅读，他原本只是去参加单位的例行体检，却没想到因为血压异乎寻常的高而被安排马上入院。进了医院之后，他才对自己的身体状况有了更多的了解，也知道了自己平日里看起来健康的身体早就发出了预告和警示。

很多渔民在捕捞海里的鱼时，看到有小鱼没有达到捕捞的标准，就会将其扔到海里，让其在海里继续生长，这么做的目的是避免竭泽而渔。前些年，为了爱护地球上的各种珍稀资源，有人提出了可持续性发展的概念。其实，不仅地球需要可持续性发展，人生同样需要可持续性发展。一次次地熬夜加班，如果是公司的规定，那么这样的公司可以PASS；如果是因为自身做事情的效率太低，导致原本可以在8小时内完成的工作不得不拖延到8小时以外，那么我们就要反思自己，这样才能有的放矢地提升工作效率，也让自己有更多的时间可以休息和娱乐，从而做到张弛有度。

再也不要把加班熬夜当荣耀，因为这就是浪费生命。在一个集体高效的公司里，一个人总是反其道而行——加班，还以此为荣，那么最终不但不会得到嘉奖，反而有可能被炒鱿鱼。当然，这不是绝对的，因为有很多成功人士的确很拼，他们也常常加班，但是他们的加班换来了应得的回报，为此他们的加班是高效率的加班。但是有些人的加班只是在徒劳地浪费时间和消耗生命而已，这样的加班不值得提倡，甚至还会惨遭辞退。所以作为年轻人一定不要盲目加班，而是要区分清楚自己加班的原因，也要在爱惜身体的情况下提升工作效率。这就像是孩子面对学习，有的孩子看起来学习轻轻松松，但是成绩很好。有的孩子看起来学习努力认真，甚至放弃了休息的时间也在坚持学习，但是却始终没有好的效果，学习成绩也无法提升。这就是效率的强大作用。

不管是对于学习还是对于工作，都要做到一点，那就是高效。否则，哪怕付出再多的时间和精力，也无法获得成功，反而会因为三心二意、效率低下，导致自己非常辛苦和疲惫。曾经有一位资深人力资源管理师说过，就8小时工作制来说，只有极少数人可以充分利用8小时，而大多数人都无法保证8小时全神贯注，全力以赴。正因为如此，才有那么多的人在工作时间之外加班。实际上，一个人在做一件事情的时候是否专注，往往会对事情的结果产生很大的影响和作用。作为编辑，在工作的时候是否能够全神贯注，关系到能否全力以赴，继而关系到工作的效率。如果你一边工作一边和他人聊天，那么一上午过去，也许连三千字都不能完成，但是如果你非常专注，全力以赴，那么你有可能完成一万字，把全天的工作量都提升到上午半天完成。这就是专注的魅力，这就是高效的魔力。

很多人都追求自由，希望自己的人生能够获得更大的空间去自主发挥，希望自己的未来可以把握在自己手中。实际上，要想实现真正的自由，最重要的是自律。在这个世界上，并没有绝对的自由存在，大多数人都在享受规定和限度内的自由。

因此，我们要想享受自由，首先要学会尊重纪律，也要学会自我管理。一个善于自我管理的人往往可以更大限度享受自由，因为他们会约束自己把该做的事情做完，这样一来就有了更多可供自己支配的时间，也就有了更多的自由。

要想实现可持续性发展，我们还要学会合理安排时间，规划好工作。真正擅长工作的人，他们会在工作任务没有那么紧急繁重的情况下高效率完成，让自己充分休息，恢复到最好的状态，而一旦工作上有了紧急任务需要完成，他们也可以连轴转，在一定时间内全力以赴，在保证睡眠的状态下把工作做到最好。这样一来，就实现了有效、高效，而避免了让自己整日陷入无用功之中，每天都浑浑噩噩，既没有把工作做好，也没有休息好。如此一来，他们当然会陷入人生的被动状态，使得人生效率低下，也使得人生疲惫乏力。记住，只爱工作是不够的，还要会工作，才能把工作做得风生水起，效率倍增。

没有坚持过的人，没有资格抱怨

一个人如果从未傻瓜式地坚持过，他是不配成功的，为此他也会远离成功，更没有资格抱怨失败。在这个世界上，从未有过绝对的公平存在，为此对于公平，我们不要总是奢望，更不要为了盲目追求公平而导致自己陷入各种困顿和绝境之中。

既然不公平是常态，我们所能做的不仅仅是抱怨，而是要努力去改变。唯有真正地把很多事情付诸行动，我们才会看到其中的改变，我们也才能看到人生的契机。古往今来，很多伟大的人、成功的人，并没有得到命运的善待，也不曾获得真正的公平，他们是从充满坎坷泥泞的人生道路上走过来的，所以才会走得两脚泥，也才会有更大的勇气去坚持，而决不放弃。

很多时候，我们看到他人的成功，第一时间想到的不是羡慕，而是嫉妒和恨。我们嫉妒他人有天赋有运气，恨自己从来不被命运青睐，却不知道他人的成功不是偶然得到的，而是付出了汗水和泪水。在成功之前，他人曾经坚持努力，即使遭遇绝境也不曾放弃，即使筋疲力尽依然拼搏，正因为如此，他们才能够始终坚持下去，也才能无所畏惧地勇往直前。等到我们看到他人获得成功，他人已经熬过了最艰难黑暗的阶段，所以才能有的放矢面对人生，也才能无所畏惧走上成功的道路。如果你知道他人为了获得成功而付出的血泪和汗水，你就要问一问自己：为了成功，我做过什么？如果你什么也没有做过，那么不要悲伤，不要愤怒，更不要抱怨，因为此时此刻你最该做的就是努力奋斗，就是不懈坚持。在这个世界上，从未有一蹴而就的成功，也没有天上掉馅饼的好事，每个人要想获得成功，都要走过一条艰难坎坷的道路，而且要坚持到最后，任何情况下都不放弃。

现实生活中，有太多的人都喜欢抱怨，他们的人生似乎没有更多的希望可言，除了抱怨就是抱怨。殊不知，抱怨非但不能解决问题，还会因为充满负能量而形成负能量场，导致事情变得更加糟糕和无奈。为此，我们要戒掉抱怨，要学会以积极乐观的心态去面对问题，也要学会以坚强不屈的姿态行走人生，这才是最重要的。

我想当一名作家，但是我没有耐心坚持写作；我想当一名画家，但是我不喜欢四处采风，尤其不喜欢去那些艰苦的、原生态的地方挑战自己；我想当导游，但是我不想陪着游客爬山，任何时候都要以他们的需求为重；我想当一名老师，但是如今的熊孩子简直太气人了，我非得被气死；我想当一名救死扶伤的医生，但是如今医患纠纷这么严重，我生怕自己哪一天也被一个愤怒的患者家属捅死，而且医学院的课程实在太多，学习时间也太长……你想做的事情很多，一旦有了“但是”，你就会距离梦想越来越远，直到最终彻底远离了梦想，迷失了自我。你的人生不需要用“但是”埋单，你需要更加努力进取，持之以恒地前进，才能在人生的道路上勇往直前，而如果在很多事情还没有做之前就先放弃，或者是在做了一半的时候放弃，你也就没有将来可言。

还有很多朋友羡慕那些光鲜亮丽的明星，觉得他们都是因为好运气拥有好身材、漂亮脸蛋，所以才能获得成功。然而，只当一个花瓶，就能成为一个优秀的演员吗？在一次元旦晚会上，相信有很多观众都看到了林志玲为一名歌星演奏钢琴且伴舞。不得不说，已经40岁的林志玲身材保持堪称完美，而且看到她演奏钢琴、随着音乐起舞，你会改变她是花瓶的错误印象。原来，林志玲是这么一个多才多艺的人，所以才能在娱乐圈里这么多年都作为一个美丽的女人出现。熟悉林志玲和黄渤的观众都知道，林志玲和黄渤关系很好。不得不说，和林志玲的美女形象相比，黄渤的形象可以用丑来形容。但是在娱乐圈，黄渤得到了很多同行的点赞和好评，林志玲甚至公开说过如果要结婚，就要找一个和黄渤一样的男朋友。可想而知，黄渤成功不是靠着脸蛋和身材，而是靠着实力。如果没有实力，黄渤如何能够吸引那么多粉丝和同行呢?

一个人做任何事情都不可能轻易获得成功，要想距离成功越来越近，就一定要坚持。因为唯有坚持，我们才能在通往成功的道路上走得更远，也唯有坚持，我们才能在追求成功的道路上为自己加分。任何时候，努力和坚持都是获得成功的必备要素之一，如果连这基本的两点都做不到，那么成功也就遥不可及。

细心的朋友会发现，古往今来，无数成功者之所以能够获得成功，就是因为他们始终在坚持。他们也许有天赋也许没有，也许有贵人相助也许没有，每个成功者都有自己成功的原因，但是在诸多纷繁复杂的原因中有一个共同点，那就是始终努力，不懈坚持。心理学家曾经经过研究发现，大多数人的先天条件相差无几，之所以在后天成长的过程中彼此相差悬殊，就是因为每个人坚持的程度不同。有的人还没有坚持就先被预想的困难吓倒，有的人虽然坚持了一下，但是在发现困难探头探脑即将出现之后，他们选择了主动放弃，也有的人面对人生的困境始终不放弃，咬紧牙关渡过去，因此他们才能够守得云开见月明，才能够依靠坚持而获得成功。当然，是否选择坚持是每个人的权利和自由，在不坚持的时候，切勿抱怨失败，在坚持不够的时候，也不要觉得命运不公。只有在足够坚持足够努力的情况下，你才能真正地迎来成功，也才能获得伟大的人生转折和逆袭的契机。要想成功，先要保证自己配得上成功，否则何谈成功呢?

不要假装努力，还自我感动

有的人从来没有真正努力，却偏偏要在众人面前表现出一副自己非常努力的样子，甚至还因为这样的伪装而把自己感动了。何为假装努力呢?假装努力就是骗自己，也骗别人，是典型的自欺欺人。当着别人的面暂时努力，等到别人看不见的时候却回到家里安逸地半躺在沙发上看电视，或者在温暖的被窝里蒙头大睡。可想而知，这样的努力根本没有结果。但是他们偏偏不认为努力没有结果是自己的责任，而又去当着别人的面抱怨命运不公，抱怨自己没有出生在好时候。其实，这个社会有的时候是很残酷的，只看结果，而不看过程，你解释得越多，越说明你在人生之中过于心虚，因此只能以这样的方式掩饰自己的怯懦无能，也只能以这样的方式来安抚自己的心。

和这样的假装努力者相比，真正努力的人从来不会以努力作为自己的标签，因为他们在全力以赴奔向前方的过程中，从未意识到自己有多么努力，他们一心一意想的就是要拼尽全力，要不遗余力，要坚持到最后。这种现象很可笑，假装努力的人标榜自己很努力，而真正努力的人却从来不把努力作为自己的标签，而是默默付出和坚持。从功利心的角度而言，前者的功利心未免太强，所以他们时刻都想获得努力的成果，有的时候没怎么坚持努力，就觉得自己已经足够努力，又因为没有回报而放弃了。相比起他们，后者一直在努力，一直在坚持，一直在突破自己的极限，为此他们觉得一切努力都是理所当然，从不会因为努力太久或者太用力，就轻易放弃。正是因为全身心投入努力之中，他们才会在不知不觉中获得了成功。

作为一名初中生，思琪表现出了不符合年龄特点的努力和认真。女孩总是爱玩贪玩的，但是思琪却表现得特别努力。每次语文老师布置作业，思琪都会更多完成一些；每次数学老师下课准备离开教室，思琪总是跟在老师后面问东问西，表现出一副求知若渴的样子。有的时候，她还会主动向学习好的同学求教。甚至有一次思琪发高烧，脑门上贴着退热贴，她也坚持来上学，为此被老师大大表扬了一番，还号召全班同学都要向思琪学习。

就是这样一位勤学好问的好学生，学习成绩却如同坐了过山车一样忽高忽低，而且她的成绩很大程度上取决于不同同桌的成绩。渐渐地，同学们都觉得好笑，这么一个好学的学生却没有好成绩，到底为什么呢？后来在高考中，思琪连大专都没有考上，还是父母花钱，她才去了一所民办学校混了个大专文凭。

思琪如此好学，为何成绩却不尽如人意呢？这是因为思琪不是真的好学，而只是假装好学，不是真的努力，而只是虚伪努力。在初中阶段，班级里大多数同学尽管比小学阶段对于学习的态度更端正，但是还没有发展到能够完全自主学习的程度，为此思琪装出一副爱学习的样子给老师看，自然能够得到老师的认可和赞赏，甚至还会得到老师的表扬。假装的努力，不但被别人看在眼里，而且渐渐地就会弄假成真，甚至把自己也给感动了。思琪发着高烧还坚持去上课，就是感动了自己。

学习是需要真本领的，只靠着花拳绣腿的面子工程，根本不可能提升学习的效果，更不可能让学习有好成绩。真正的学霸未必是班级里看起来最认真刻苦的孩子，而是那些能够真正对学习专心致志、全身心投入的孩子。当对学习专注，全身心投入学习，孩子哪怕学习一个小时，也会取得比两三个小时三心二意敷衍学习更好的效果。因此，对于学习不要骗自己，不要假装努力，更不要因此而误以为自己真的很努力。

书山有路勤为径，学海无涯苦作舟，对于孩子而言，学习方面发扬勤奋好学的精神是必需的，但是却不是唯一的。要想在学习上获得成功，还要用心、专心、耐心。同样的道理，对于每一个成人而言，对待工作也要采取同样的态度，而不要总是对工作三心二意，却假装努力给领导看。时间是最好的检测，假装努力也许可以伪装一时，但是时间久了，努力付出与收获之间不成正比，就会导致努力的假面被揭穿，白白浪费了时间却没有效果，可谓骗人骗己更是害了自己。

心情总是很差的人，要学会自我排解

现实生活中，有些人总是郁郁寡欢，也为此想要得到他人的安慰。殊不知，总是心情很差的人，应该从自己身上寻找原因，而不要总是把不高兴、不开心、不快乐的原因归咎于外界，更不要把寻找快乐的希望寄托在别人身上。一个人如果总是心情很差，大多数是因为自身的原因，而不要总是奢望得到安慰。要知道，每个人在这个世界上生存都很不容易，所以我们不要总是轻而易举就把自身的忧愁和焦虑投射到他人身上，而是要更加积极主动地缓解焦虑，这样才能有的放矢地消除焦虑，也让自己以更加美好的心情面对他人。

现代社会，人与人之间的沟通变得更加及时，除了打电话、发短信、聊QQ之外，如今有更好的方式可以使用，那就是微信。一方面，微信疏远了人与人之间的距离，使得彼此见面成为不那么必需的事情；另一方面，微信也拉近了人与人之间的距离，使得人们不需要见面就可以相互沟通，也可以通过视频彼此见面。听起来，这很矛盾，而实际上并不矛盾。也正是因为沟通变得如此便捷，所以才有那么多心情不好的人最喜欢在微信里对某个人说："我很郁闷，可以聊10块钱的吗？"也会有朋友直接在朋友圈里广而告之："心情不好，想找人聊天。"不得不说，这样的求聊天方式很容易给他人造成压力和负担，因为别人的生活也不那么容易，别人的工作也不那么轻松，我们有什么资格随时寻求他人的安慰呢？如果因为自己心情不好就肆无忌惮把别人当成垃圾桶，朝着别人倒苦水，影响别人的心情，不得不说这是非常糟糕的行为。

人是情绪动物，每个人都会有心情不好的时候，我们一定要坚持拥有好心情，也要及时消除不好的情绪，才能给予他人更好的情绪感受。人是很容易受到他人影响的，从众心理也很强，在这种情况下，我们一定要控制好自己的情绪，成为自己的主人，这样才能有的放矢调整好心情，也才能让自己充满正能量，形成强大的正能量场。

每个人都是情绪的主体，不可能只依靠别人来调整情绪，而是要学会排遣自身的负面情绪，这样才能保持平静理智的心情，也才能真正成为自己的主人，驾驭自己的人生。如果你曾经因为心情不好而想要四处找人聊天，现在就要改变这种状态；如果你此时此刻因为心情不好而寻求安慰，那么请马上停止这样的举动，这样一来，你就可以反思自身，从自己身上寻找原因，也主动地想方设法消除负面情绪，从而让自己的人生有更好的情绪，也有更加积极的表现。

作为好闺密，静静简直成了乔乔的垃圾桶，不管是生活中还是工作中，甚至是感情上有了任何问题，乔乔都会第一时间向静静倾诉。一开始，静静不管在干什么，只要接到乔乔的电话，马上飞奔到乔乔身边当救火队员，或者即使不能赶到乔乔身边，她也会在电话里认真倾听乔乔，极力安抚乔乔。然而，随着时间的流逝，乔乔倾诉的事情越来越琐碎，倾诉的次数也越来越多，静静也感到不耐烦。尤其是很多时候在乔乔倾诉之后，静静的情绪就会受到影响，变得郁郁寡欢。

有一次，静静因为工作上出现失误正在被上司批评，乔乔的电话又来了。在电话里，乔乔也不问问静静是否方便接电话，就崩溃地向静静哭诉。静静看着上司奇怪的眼神很尴尬，冷漠地对乔乔说："好了，停下，我正在和上司谈工作，现在没时间听你说这些无聊的事情。"听到静静这么说，乔乔当即挂断电话，后来静静给乔乔打电话，乔乔没有接。静静知道乔乔生气了，索性借着这个机会把话说清楚："亲爱的，我知道我今天态度不好，不过当时我正因为工作上的失误被上司批评，所以不可能有好情绪，希望你能理解我。另外，我的工作和生活也常常出现一团糟的状态。我想我们都长大了，需要学会自己独立去面对和解决情绪问题。每个人都有自己的生活，孩子长大了就要和父母独立开来，我们长大了，对于闺密、朋友之间的亲密关系也会有新的理解和定义。我希望我们都能处理好自己正在面对的难题，这样在见到对方的时候，可以展现笑容，给对方一个好心情。我真的也很累，可能不能继续充当你的垃圾桶，我们可以把交流的方式改变一下，除非真的有无法独自面对的难题，否则就告诉对方一些好消息，如何？”静静的一番话很有道理，乔乔思考之后给了静静回复，同意渐渐地改成静静建议的相处模式。

即使是闺密，也不可能互相只充当垃圾桶的角色。正如静静所说的，每个人都有自己的苦恼和烦恼，如果一味地陷入苦恼之中无法自拔，还常常把忧愁焦虑的情绪传染给他人，则不但自己的心情不会好转，包括与他人之间的相处也会陷入困境之中。既然哭着也是一天，笑着也是一天，我们为何不能笑着度过生命中的每一天呢？面对朋友，既然欢笑着也是相聚，愁眉不展也是相聚，为何不把我们最美好的笑容呈现给对方呢？人生原本就很艰难，生存的压力更是前所未有的大，我们更要调整好心情，才能有的放矢面对人生，也才能全力以赴做得更好。心情不好的时候找人闲聊，是为赋新词强说愁；真正遇到为难的问题时找人闲聊，还不如用宝贵的时间去想办法解决问题，从而一劳永逸。总而言之，我们是自身情绪的主宰，很多时候只要换一个角度看待问题，就会有不同的收获。即使真的遇到难以解决的问题，我们也要勇于直面问题，这样才能真正解决问题，也才能让人生进入更美好的境遇，呈现出更好的状态。

第11章

人生需要计划，更需要真正地去执行计划

现在的你可以身陷困境，也可以一无所有，但是未来的你却不能始终保持这样困窘的人生局面。人生，最可怕的不是失败，也不是犯错，而是始终停留在原地，因而被生活远远地甩下。对于每个人的人生而言，都是需要认真规划，也是需要切实执行计划的，唯有如此，才能按部就班地前行，才能有的放矢地努力，奔向人生既定的目的地。

让勤奋的自己变得出类拔萃

古人云，勤能补拙是良训，一分辛苦一分才。这句话告诉我们，一个人即使才华欠缺，也可以以勤补拙，以勤奋来弥补自己的缺陷和不足，从而让自己的人生呈现出更好的状态。当然，天生就才华横溢的人很少，大多数人在最初降临人世的时候条件相差无几，他们之所以在后天的成长中呈现出不同的状态和姿态，就是因为努力勤奋的程度不同。因此，我们一定要全力以赴奔向美好的人生，即使觉得自己的天赋并不突出，也无需气馁，而是要更加努力向前。

成功从来不会一蹴而就，所有的进步也不是平白无故获得的，每个人要想成功，都要付出艰苦卓绝的努力，哪怕是遭遇坎坷和挫折也决不放弃，哪怕是面对人生的困境也无所畏惧。这样的勇敢和无畏，才能让人生呈现出积极的状态，也才能让我们因为勤奋而变得出类拔萃。当一个人变得既勤奋又出色，他当然是非常优秀的，也是非常努力的。因此，我们一定要全力以赴经营好人生，也要无所畏惧努力前行，唯有如此，我们的人生才会有更好的发展。正如鲁迅先生所说，“世界上哪里有天才，我只是把别人喝咖啡的时间也用于创作而已”。世界上即使有天才，也不能只仰仗才华就想获得成功，而是要更加理性地全身心投入，勤奋努力，坚持不懈。

哈佛大学是世界顶级学府，可想而知能够考入哈佛大学的学生一定都是佼佼者，都有着过人的天赋和杰出的才华，但是哈佛大学的校训就是告诉孩子们一定要非常努力勤奋，才能有所收获。爱因斯坦也曾说过，真正把人与人拉开差距的是业余时间。的确如此，不管是对于学习还是对于工作，都需要勤奋和努力，而且要看重业余时间的努力。这是因为在规定的学习和工作时间内，大多数人的付出都相差无几，而在业余时间里的努力，才是人们弯道超车的好时机。因此，不要一味地在生命历程中迷失自我，也不要因为自己有才华就沾沾自喜，更不要凭着小聪明就想获得成功。在生命的历程中，每个人都要非常辛苦和努力，才能有的放矢面对人生，每个人也都要拼尽全力去付出，才能让自己在人生的道路上绽放出光彩。你把时间用在哪里，哪里就会开花结果，这一点毋庸置疑。同样的道路，如果你从未把时间用在刀刃上，也就不要奢求时间会给你丰厚的回报。

1903年，纽约举行了数学学会，在这次会议上，全球数学领域的顶尖人才都会聚一堂，有个数学家成功地解答出一道困扰数学界很长时间的难题，因此得到了很多人的赞美。这个数学家叫科尔，也许在此之前他的名字还不为数学精英们所熟知，但是当他解答出难题之后，马上就有人对他表达赞美：

“科尔先生，您的智慧无人能及。”科尔谦虚地笑了笑，摆摆手，说：“我并没有那么多的智慧，我只是更加勤奋而已。”听到科尔的回答，恭维的人感到很纳闷：“只是勤奋就能做到如此优秀吗？”科尔反问：“你知道我解答这道题付出了多长时间吗？”那个人想了想，说：“几天的时间呢？”科尔笑着摇摇头，对方继续揣测：“难道是几个星期或者几个月吗？”科尔还是摇摇头，那个人感到难以置信：“难道花费了一年的时间？”科尔还是微笑不语，那个人无法继续揣测下去，只好说：“您到底花了多久的时间呢？”科尔回答：“我在3年的时间里，把所有的休息日都用来钻研这道题。”那个人听到这个回答，忍不住赞赏地对科尔竖起大拇指：“难怪人们都说勤能补拙呢，像您这么有智慧的人都如此勤奋，成功当然非你莫属。”

科尔作为杰出的数学家，为了解答一道数学题，居然花费了3年中所有的休息日，这也就意味着科尔在3年的时间里从未休息过一天，始终都在刻苦钻研。正所谓一分付出一分收获，很多时候，努力了未必会有收获，但是不努力就绝不会有任何收获，这句话是很有道理的。在这个时代里，最可怕的事情不是我们不够聪明，而是当那些比我们更聪明的人都在勤奋努力的时候，我们却在荒废时间，肆意妄为，虚度年华。

人生是一个过程，最重要的是要努力拼搏，而不是妄想一蹴而就。每个人从出生开始就向死而生，拥有了生命，朝着死亡走过去，这样的过程不可改变，但是我们不能因此就放弃在生命的历程中努力。只有始终坚持不懈努力前行，只有朝着人生最终的目的地奔过去，我们才能够不忘初心，方得始终。在哈佛大学，图书馆是24小时开放的，即使到了凌晨4点钟，依然会有很多学子在图书馆里学习，勤奋苦读。越是了解到人类精神文明的高度发展，人类知识的海洋无比浩瀚，学子们越是努力勤奋，因为他们认识到了自身的不足，所以更加争分夺秒勤奋学习。

机会总是在我们不经意间降临，只有始终都做好准备的人，才能在机会到来的时候果断地抓住。如果根本没有做好准备，即使看着千载难逢的好机会降临我们的眼前又悄然流逝，我们也是无动于衷的，也是无可奈何的。真正努力的人会始终坚持学习的好习惯，也始终在人生的道路上奋勇向前，不畏缩不恐惧，不怯懦不逃避。成功，只属于那些真正勤奋的人。

漫无目的的不是旅程，而是流浪

很多人都说人生是一场没有归途的旅程，而且到底何处是终点，并没有人知道。这是因为生命的不确定性使得没有人知道生命将会在何时戛然而止，但是这并不意味着生命的旅程可以没有目的。每一个爱好旅行的人都知道，在旅行之前，大多数人都会为自己设定一个目的地，或者即便是一场说走就走漫无目的的旅程，也会被简单规划，设定大概的路线。那么当旅程没有路线也没有目的地的时候，会出现怎样的情况呢？那就是当事人会陷入流浪的状态，随随便便走一程，无缘无故就停下，这样极度的随遇而安，只会导致人生的旅途陷入被动的局面之中，也会大大降低人生的效率。

人生固然是没有归途也不知道终点的旅程，但是人生却不能漫无目的。还记得南辕北辙的故事吗？在这个故事中，那个即将出发的人有最强壮的马匹、经验丰富的马夫和充足的盘缠、坚固的马车，也确定了目的地，但是却选择了错误的方向。最终，这些有利的因素都会变成他旅程中的不利因素，导致他不管怎么努力，都无法到达目的地，那么他的旅程也就是毫无意义的，还会对他的原计划起到相反的作用和效果。在生命的历程中，我们一定要有目的，并且要根据目的地来选择正确的方向，设定正确的路线。这样，我们的人生旅程才会事半功倍，也才会朝着理想的方向越来越近。

如果说人生是在大海上的航行，那么罗盘和指南针必不可少。在如今的社会生活中，很多年轻人存在的问题不是生活的贫瘠，也不是机会的缺失，更不是平台的限制，而是人生没有方向和规划。任何时候，我们都要有的放矢面对人生，也要全力以赴经营好人生，唯有如此，我们才能珍惜生命的宝贵时光，也才能争分夺秒活出精彩的人生。曾经有一位资深人力资源管理师说过，对于如今的年轻人而言，最缺少的就是人生的方向和职业的规划。的确，人生如果没有指引，就如同没头苍蝇一样四处乱撞，怎么可能会有好的结果和未来呢？

古今中外，很多成功者之所以能够获得成功，并不是一味地、盲目地坚持，而是能够在确立方向且保持正确方向的基础上，非常努力地向前。在人生的道路上，他们总是全力以赴向前冲，在追求成功的过程中，即使遭遇艰难险阻他们也从不放弃，就是因为他们心中有数，知道自己应该朝着哪个方向努力，也知道自己要如何做才能距离梦想越来越近。也有很多人兜兜转转一圈又回到原地，这就是没有方向惹的祸，也是因为没有确立目的地。因此，我们一定要坚持正确的努力方向，而不要本末倒置，否则就会事与愿违。确定目的地，选择正确的方向，设定合适的路线，是我们努力的前提条件，也是我们不断进取的基本保证。

在美国企业界，艾柯卡是一个大名鼎鼎的人物，甚至可以和巴菲特、比尔·盖茨等人平起平坐。艾柯卡为何能够取得如此伟大的成就呢？是因为他在最初开始奋斗和创业的时候，就已经为自己设立了明确的目标。

大学毕业后，艾柯卡作为实习工程师，加入了福特汽车公司。然而，他并不想每天都面对着冷冰冰的机器，此外，他也觉得作为技术人员要想快速晋升简直不可能，为此他特别想从事销售工作。没有人知道，年纪轻轻、刚刚走上工作岗位的艾柯卡，梦想是在35岁之前成为福特公司副总裁。因此，进入公司没多久，艾柯卡就四处找人托关系，最终如愿以偿调到了销售部门，成为一名普普通通的推销员。艾柯卡对于销售工作有着强烈的热情和积极性，他很快就学会了一些销售的知识和技能，而且领悟到销售工作是有技巧的。正如他所预想的那样，在销售行业里，只要销售业绩突出，晋升是非常快的。因此，没过多久，他就被提升为销售经理，后来又成为主管一个大区域的销售总监。如果不是因为艾柯卡执意从销售工程师成为销售人员，也许他现在还处在见习期呢！

就在这个时候，福特公司推出了新车型，艾柯卡别出心裁，提出了让顾客先付首付然后分3年期还月供的方式购买新车。这样一来，客户只需要付出20%的购车首付款，此后3年里每个月仅需要支付56美元，就可以把新车开回家。果然，这种销售模式一经推出，就受到了顾客的欢迎，很多人从没有买车的计划到临时决定买车，使得新车销量大幅提升，销售业绩居然从倒数第一变成了正数第一。后来，总公司也借鉴艾柯卡的分期售车模式，在全国范围内以这种方式销售新车，使得新车的销售量提升了7.5万辆。随着新车销量水涨船高，艾柯卡也得到升职加薪。后来，艾柯卡进入公司总部工作，他不但在销售方面独具才华，而且在管理方面也很卓越，最终在36岁的时候成为福特公司副总裁。相比起他35岁之前升任福特公司副总裁的梦想，艾柯卡只晚了一年，也算是非常及时的。

艾柯卡有着明确的奋斗目标，为此才能确定自己的发展方向，放弃了工程师的职务，而去从事压力大、更辛苦的销售工作。因为他很清楚销售工作会让他更加快速接近和实现自己的梦想，事实也真的如同他所预料的那样，他在销售行业表现非常突出，为此一路上职位不断晋升，最终成功地实现了梦想。和艾柯卡相比，还有几个销售员是因为想当副总裁才从事销售工作的呢？又有几个已经成为销售员的人会为自己立下远大的志向，想成为公司的副总或者总裁呢？拿破仑曾经说过，不想当将军的士兵不是好士兵。的确，每个人都应该树立远大的志向，这样才能在成长的道路上不断地努力进取，坚持进步，也才能在未来的人生中有更好的发展和成长。否则，漫无目的在人生的旅途中闲逛，在人生的道路上迷失，只会导致人生变得更加被动和无奈，也会使得人生黯然失色。

人，最宝贵的就是生命，对于每个人而言，生命都只有一次机会。任何时候，都不要对人生采取放纵的态度，也不要随随便便就放弃生命历程中的努力。天上没有掉馅饼的好事，也没有人能够无缘无故成功，我们只有全力以赴奔向人生的目的地，竭尽全力开拓更美好的未来，才能真正成功，才能创造自己的美好人生。

人生不是用来浪费的

对于每个人而言，生命都是最宝贵的，任何时候，都不要肆无忌惮地挥霍生命，更不要在生命的流逝中迷失自己。很多人对于人生都怀着三心二意的态度，总觉得人生有很多事情需要去做，而茫无头绪，不知道到底应该如何去做，更不知道应该如何厘清顺序。因此变得犹豫彷徨，变得内心迷惘。其实，不管如何度过一生，都不要浪费生命，因为宝贵的人生时光从来经不起挥霍，经不起浪费。时间对于每个人来说都是公平的，没有人可以让时光倒流，世界上更没有后悔药。我们每个人都要拼尽全力做到最好，都要不遗余力奋发向上，才能激发自己生命的潜能，才能让自己的人生更加出类拔萃，绽放光彩。

遗憾的是，现实生活中，很多人无形中浪费了宝贵的青春时光，等到有朝一日曾经的少年白了头，他们才会懊悔沮丧，也才会惊觉人生中有很多事情都没有完成，可惜没有机会弥补。当然，对于已经浪费的时间就不要继续沮丧和懊悔，对于还没有到来的人生，我们要更加积极主动去把握和争取。时间是最珍贵的人生资源，与其用时间去抱怨、忧愁，不如调整好自己的状态，全力以赴为了未来而拼搏和争取，这样才能迎来人生中最美好的境遇。

看起来，人生特别漫长，有很多时间，但是实际上人生只有三天，那就是昨天、今天和明天。昨天已经过去，成为不可改变的历史，明天还未到来，我们每个人可以把握的唯有今天。只有活在当下，过好每一个今天，我们才能面对人生；只有拥有每一个充实美好的今天，我们才能把今天变成无怨无悔的昨天，把今天变成为明日奠定的坚实良好基础。

生命只在当下，只有过好当下的每一天，才能面对未来，才能拥有更加美好充实的人生体验。现实生活中，很多人都在为已经逝去的过去而懊悔遗憾，很多人都因为沉迷于对于未来的幻想之中而沾沾自喜，无法自拔，却不知道生命正在这样的历程中悄然流逝。人生，活在当下，只重视今天，这样才能全力以赴奔赴美好的明天。俗话说，好汉不提当年勇，不管曾经有多么勇敢，也不管未来有多么辉煌，都不能代表今日。换一个角度而言，昨日是由于今日失去变成的，今日是由于明日到来变成的，因此在人生之中今天起到至关重要的作用，是无可取代的。不管昨日是好还是坏，不管未来是怎样的，我们都应该集中精力关注当下，这样才能做到最好，也才能珍惜人生的每一分每一秒。

很多年轻人误以为自己有大把的时间可以浪费和挥霍，殊不知，生命的时光不会倒流，也不会因为任何人而驻足停留。只有不断地努力进取，只有全力以赴奔向美好的未来，我们才能经营好人生。

在生命的历程中，还有些人总是感到非常害怕，是因为他们对于生命患得患失，常常会感到无奈和沮丧，也经常会因此而选择畏缩和逃避。

实际上，只要人存活着，就不可能一味地逃避和畏缩，只有不断地激发自己的信心，迸发自己的生命力量，才会在人生中有更好的表现。生命经不起犹豫和迟疑，人生的宝贵时光更经不起浪费。

在这个世界上，每个人都有宝贵的生命时光需要去度过，一定要珍惜。正如古人所说，明日复明日，明日何其多，我生待明日，万事成蹉跎。是啊，人生中看起来有很多天都可以度过，而实际上认真算一算，除了睡眠时间之外，人生所剩无多。每个人都要有危机意识，都要意识到自己的生命是用来珍惜的，而不是用来浪费的。即使已经做错了事情或者浪费了时间，也不要因此而懊丧和后悔，而应该努力振奋精神，把握人生，这样才能不断地推动人生向前发展，也才能朝着未来努力奋进，无所畏惧。记住，你的人生你做主，你要成为自己的神，你要成为自己的上帝，人生才会充实精彩，魅力无限！

戒掉拖延症，远离惰性

人人都有惰性，这是因为人的本能就是趋利避害，几乎每个人都会贪图享受安逸，而又不愿意在人生的过程中失去内心的欲望和苛求。这样的矛盾使人生变得很痛苦，一方面是面对人生的现状不满意，想要改变；另一方面是因为惰性而变得无限拖延，无法真正主宰和控制自己，就会变得很犹豫和矛盾，也会在做很多事情的时候都很艰难。如此一来，他们在人生的各种欲望与纠缠中沉沦挣扎，人生渐渐变得无奈，变得被动。

人生不如意十之八九，对于大多数人而言，人生从来不会顺遂如意，最重要的是要接纳人生，接受人生不如意的常态，从而才能有的放矢面对人生，无所畏惧畅行人生之路。当然，每个人最大的敌人就是自己，一则是因为人们很难控制自身的情绪；二则是因为人总是有很大的惰性，总是会陷入拖延的状态之中，为此需要激励自己努力进取，这同样很难。要想在人生的道路上不断地前行，要想用实力证明自己的能力，我们一定要戒掉拖延症，远离惰性，从而有的放矢经营好人生，全力以赴做好该做的事情。

按部就班的人生固然很省心，可以踩着固定的节奏朝前走，但是如果人生始终按部就班，始终墨守成规，渐渐地，人就会产生审美疲劳，也会对人生感到消极和懈怠。因此，我们一定要更加努力向前，给予人生新鲜的生命力，也要坚持做好很多事情，这样才能在人生的道路上更加奋勇向前，无所畏惧。尤其需要打破思维定式，不要让思维总是固守在特定的圈子里，否则就很难走出思维的怪圈，也会导致人生按照惯性朝前走，没有更好的成长和发展。

惰性的作用是很强大的，懒惰更是使人在成长的过程中因循守旧，沿着旧有的思想去努力，而不愿意给予人生更多的机会和机遇。作为一个独立的生命个体，我们要想获得充实美好的生活，一定要戒骄戒躁，戒掉那些人生中的不可知之处，这样才能有的放矢面对人生，才能无所畏惧面对未来。需要注意的是，不要觉得人生有太多的无奈，也不要觉得命运总是不公平，我们与其花费宝贵的时间去羡慕别人，还不如有的放矢调整好心态，让自己全力以赴做好该做的事情，竭尽全力去努力，去突破和成就自我。唯有如此，我们才能在成长的道路上不断地崛起，也才能发展壮大，持续进步。还需要注意的是，人生没有回头路可以走，任何时候都要努力前行，都要甩掉懒惰和拖延的沉重包袱，从而让人生轻装上阵。

要想真正克服懒惰思维，除了要打破思维的铜墙铁壁、挣脱思维的束缚之外，还要把更多的时间和精力真正投入到事情本身。很多人做事情都会流于表面，这其实也是懒惰的表现。现实生活中，很多人都会以“碌碌无为”来形容人生，真正碌碌无为的人生无所作为，面对人生的很多困境时，总是束手就擒，而没有任何能力去突破和成就自我。毫无疑问，这样的人生是非常糟糕的，也是非常无奈的。那么就让我们忙碌起来，这样的人生才会有更好的成长，也才会有更加长足的发展和进步。在忙碌的同时，我们还要满怀激情和热情，让自己的内心充满希望，而不要总是被消极沮丧的情绪困扰，更不要总是被人生所困顿。很多懒惰者最大的可怕之处在于对于人生怀着当一天和尚撞一天钟的态度，这样的敷衍了事只会导致人生懈怠，原本可以做成的很多事情也会失败。困难并不可怕，只要勇敢地去解决困难即可，如果对人生失去希望和动力，不管做什么事情都很懈怠，这是最颓废的。从现在开始，让我们全力以赴经营好人生吧，唯有如此，我们在人生的历程中才会有更好的成长和进步，才会有更美好的未来值得期待。

只有自己才能给自己活路

现实生活中，很多人或者因为缺乏自信，或者因为消极懈怠，在做很多事情的时候都不能积极主动，而总是很被动且无奈。不得不说，对于人生而言，这样的状态是很糟糕的，因为处于这种状态的人甚至会断绝自己的路，对于很多事情都还没有开始去做，就放弃了。这种逃避的行为尽管能够帮助人们暂时避免失败，却也会导致人们彻底与成功绝缘，失去一切成功的机会。还有些人在遇到艰难的问题时，总是第一时间就向别人求助，不得不说，这也是一种拖延、懒惰和逃避的表现。俗话说，靠山山会倒，靠树树会倒。每个人在这个世界上唯一能依靠的就是自己，只有自己强大，才能找到活路，也只有自己强大，人生的未来才会有更好的发展和成就。否则，当别人辜负了我们，我们连自救的能力都失去了，如何能够挽回自己的损失呢？

只有自己，才能给自己活路，只有自己，才能让自己的人生更加精彩和充实。人之所以有别于动物，是因为人是理性的动物，是可以思考的，是有感情的。动物一般都依靠着本能生活，但是人有高于本能的更高级的需求和情感，那就是欲望，那就是对于人生的追求，那就是理想和梦想。因此，不要抱怨命运不公平，也不要抱怨人生有太多的无奈，而是要鼓起勇气和信心去面对，唯有如此，我们才能成为人生的强者，才能在人生的道路上披荆斩棘，勇往直前。

遗憾的是，有很多人都有强烈的依赖性，他们在面对很多问题的时候，第一时间就会想到向别人求助。尤其是一些孩子，因为从小就习惯了接受父母无微不至的照顾，渐渐地，他们误以为自己就是宇宙的中心，而宇宙里的一切都要围绕他们去转动。殊不知，每个孩子除了能够得到父母无微不至的照顾之外，当走入社会以后，他们根本不可能得到别人同样的对待。因此，明智的父母在抚养孩子的过程中，会有的放矢地培养孩子，提升孩子独立生存的能力。这样一来，孩子有朝一日才能长大成人，也才能独立面对人生，找寻到人生更多的出路和活路。

一个人心中有希望，就像是有了一盏明灯一样，始终都可以在光芒的照耀下勇敢前行。而一个人如果心中没有希望，始终都是黑暗笼罩，渐渐地就会迷失方向，也会迷失出路。当然，所谓独立并非绝对的，现代社会中很多人之间都要相互依存，密切合作。尤其是在分工日益密切的今天，更需要人与人之间密切合作，齐心协力，实现伟大的目标。我们因此要独立，也要学会与人合作，这样才能增强自身的力量，在生命的历程中勇往直前。

凡事皆有度，过度犹未及，在独立与合作之间，我们要摒弃依赖。依赖和合作不同，合作是每一方都贡献属于自己的力量，从而让彼此之间形成强大的凝聚力，而依赖则是完全依靠别人的力量去做很多事情。前文说过，人都是有惰性的，当一个人习惯于依赖他人，即使在面对可以独立解决的问题时，也会感到非常苦恼和困惑，也会觉得人生有很多的可能性。因此，不要认为别人都很幸运，总有活路，而是要认识到别人的活路都是自己开拓出来的。我们要想有活路，也要努力开拓，坚持进取，这样才能朝着人生的目标不断地迈进。

人是坚强的，也是脆弱的，在不如意的人生之中，我们每个人都需要迈过人生中的一个又一个坎，一道又一道难关。正如大文豪泰戈尔所说的，人生不管是面对顺境还是逆境，都要进行一场敌众我寡、无休无止的战争，只有坚持笑到最后的人才能笑得最好，才能真正成为人生的胜利者。人从来不像自己所想的那么脆弱，所以我们一定不要看低自己，而是要客观公正认知自己，知道自己的实力，也知道自己的能力，从而发挥自身实力做到最好，勇攀高峰。与其处处依赖别人，不如强大自己，让自己成为别人的依靠。这就像是给与得的道理，只有真正的富有者才会慷慨付出，才会感受到赠人玫瑰、手有余香的乐趣。

参考文献

[1] 朱彤. 你的迷茫，是努力配不上梦想[M]. 北京：中国华侨出版社，2016.

[2] 简浅. 你不拼搏，谁也给不了你想要的生活[M]. 北京：民主与建设出版社，2017.

[3] 陈伟. 你的努力，还配不上你的梦想[M]. 北京：台海出版社，2018.